图解

月季栽培
与病虫害防治

TUJIE
YUEJI ZAIPEI
YU
BINGCHONGHAI
FANGZHI

U0228629

刘海涛
苏达明　主编
刘小冰

全国百佳图书出版单位

化学工业出版社
·北京·

内容简介

本书从月季概述、形态特征与生态习性、常见栽培品种、繁殖方法、露地栽培主要技术（含园林和庭院栽培主要技术）、设施栽培主要技术、盆栽主要技术、主要病虫害及其防治等八个方面，对月季栽培进行了较为全面和详细的介绍。

编者长期从事月季的生产、教学和科研工作，将理论与实践相结合编写了此书。文字深入浅出、通俗易懂，并且配备了大量的彩色图片，实用性和可操作性强。本书适合于所有对月季感兴趣的人士阅读，包括各类月季的生产者、经销商、研究人员、相关院校师生、家庭养花爱好者等。

图书在版编目（CIP）数据

图解月季栽培与病虫害防治 / 刘海涛，苏达明，刘小冰主编 . —北京：化学工业出版社，2022.10（2024.6重印）

ISBN 978-7-122-41991-0

Ⅰ.①图… Ⅱ.①刘…②苏…③刘… Ⅲ.①月季－观赏园艺－图解②月季－病虫害防治－图解 Ⅳ.① S685.12-64 ② S436.8-64

中国版本图书馆 CIP 数据核字（2022）第 147452 号

责任编辑：李　丽　　　　　　　　文字编辑：李　雪　　陈小滔
责任校对：宋　玮　　　　　　　　装帧设计：史利平

出版发行：化学工业出版社
　　　　　（北京市东城区青年湖南街13号　邮政编码100011）
印　　装：北京盛通数码印刷有限公司
850mm×1168mm　1/32　印张8　字数177千字
2024年6月北京第1版第2次印刷

购书咨询：010-64518888
售后服务：010-64518899
网　　址：http://www.cip.com.cn
凡购买本书，如有缺损质量问题，本社销售中心负责调换。

定　　价：58.00元　　　　　　　　　　版权所有　违者必究

《图解月季栽培与病虫害防治》
编写人员名单

主　　编	刘海涛　苏达明　刘小冰
副 主 编	陈南慧　唐文超　李丹婷
	陈文静
顾　　问	陈军
技术总监	麦树雄
参编人员	李金明　吴锦波　欧阳淑欢
	陈碧玉　陈树沛　梁彩凤
	袁文君　林　韵　汤培瑾
	聂玉怡　黄子成　李群娇
	赵崇坤　尹烁哲　李海恩

前言 Ⓡ
PREFACE

月季在世界上有2000多年的栽培历史，长期以来都深受各国人们的喜爱。特别是自1867年西方培育出世界上第一个杂种茶香月季开始，月季新品种就不断大量涌现，至今品种数量已超过3万个。月季优美的花型、鲜艳多彩的花色、迷人的花香和开花不断等优点，成为了当今世界上栽培最普遍的一种花卉。月季应用十分广泛，可作为鲜切花（为世界"四大切花"之一），也可盆栽、园林和庭院栽培、食用、泡茶、药用等。

月季在我国被誉为"花中皇后"，也被评为中国十大传统名花之一，我国人民一直都把月季作为吉祥、富贵和幸福之花来看待。在当今国盛民富的时代，月季种植已经相当普遍了，至今已经有包括北京、天津、郑州、石家庄、南昌、西安、大连等40多个城市把月季作为市花，在市花数量排位中高居榜首。在国外，月季是人们心目中的"爱情之花"，情人节最畅销的鲜花就是月季，西方国家还把月季作为和平的代表。当今英国、美国、保加利亚、伊拉克等10多个国家，都把月季作为自己的国花。

月季在我国各地都可以种植。随着我国人们生活水平和审美的不断提高，对月季各类产品的需求越来越大，月季的种植面积也随之不断增加。另外，家庭种植月季的爱好者也越来越多。但是，由于对月季栽培的理论与实践知识掌握不足，许多生产者生产出的产品品质不高，许多爱好者无法种植出令人满意的月季花。

笔者长期从事月季的栽培工作，掌握了较为丰富的月季栽培知识。为了与广大生产者和爱好者分享这些知识，笔者特意编写出了这本书。本书将理论与实践密切结合起来，对切花和盆栽月季的商业生产和家庭栽培知识进行了比较全面和详细的介绍，特别是提供了大量的图片及其文字说明，能够让读者很好地学以致用。

由于笔者掌握的知识和经验仍然有限，因此本书也同样存在着不足之处。希望读者们积极提供意见或建议，以为将来此书能够再版时进行修改补充。

编　者

2023 年 1 月

目录
CONTENTS

086 第四章
月季繁殖方法

117 第五章
月季露地栽培主要技术

168 第六章
月季设施栽培主要技术

第一章

月季概述

一、月季、玫瑰与蔷薇的名称来源与概念

（一）植物分类和命名基本知识

植物的名称有两种，其中一种是普通名称（common name），它是被广泛接受但通常没有科学起源的植物名称。在我国，称之为中文名或者俗名，如菊花、月季等。在以英语为母语的国家，称之为英文名，以此类推，还有德文名、俄语名等。普通名在园艺上很重要，被广泛应用，容易记忆，有些名称对花卉的识别也起到很好的作用，如中文名中的鸡冠花、狗尾红等。

但是，普通名称在应用中也存在下面两个比较大的问题：第一个问题是同物异名。同一种植物，不同语言文字的国家和地区名称不一样，即使是同一种语言文字，一种植物也往往有多个名称，例如大红花，中文名的别名还有扶桑、拂槿、朱槿、赤槿、花上花等。第二个问题是同名异物。例如我们一般说的九里香，是指芸香科九里香属的九里香，然而木犀科中的桂花，也有个别名叫"九里香"。再如，我国叫"白头翁"的植物就有十几种之多。

同物异名和同名异物现象的存在，对于植物的识别、利用、交流、贸易等带来了不便和障碍，易引起混淆。普通名称存在的缺点促使植物学家去设计一种连贯的命名法或命名系统。后来，由瑞典伟大的植物学家林奈（全名是卡尔·冯·林奈，Carl von Linnaean，1707—1778年）将生物界分成植物和动物两界，构成了目前世界植物分类和命名系统的基础。

自然界存在的植物有50万种之多，为了更好地认识植物，就

必须对其进行分类。植物学上的分类，就是以植物的亲疏程度作为主要分类标准，把具有相似特征的植物列成相同的群体。按照植物类群范围的大小和等级，给它一定的名称，这就是分类上的各级单位。所有的植物都归入植物界（Plantae），界中可分门（Divisio），门以下通常又依次分为纲（Classis）、目（Order）、科（Familia）、属（Genus）、种（Species）。

植物的名称另一种是拉丁名（latin name），又称学名，也是目前全世界统一使用的植物名称。它是由两个拉丁字母组成，第一个字是属名，是名词，要用斜体字，第一个字母大写；第二个字为种名，常用形容词，也要用斜体字；后面再写出正体字的定名人的姓氏或姓氏缩写，便于考证。这种命名的方法，叫做双名法。在目前很多资料上，姓氏或姓氏缩写常被省略掉。例如，小苍兰的拉丁名为 *Freesia refracta* Klatt 或 *Freesia refracta*。在种之下还可能存在有亚种（Subspecies）、变种（Varietas）或变型（Forma），其中变种是最常见的，如中国水仙（*Narcissus tazetta* var. *chinensis*）就是属于变种。有关植物命名的更多、更详细知识，可阅读由国际植物学会议（International Botanical Congress，IBC）制定的《国际植物命名法规》（International Code of Botanical Nomenclature，ICBN）中文版最新版本。

然而目前人们人工栽培的植物，绝大部分都是通过杂交等手段培育出来的，对于这些在自然界中是不可能存在的新植物，它们又是如何进行分类和命名的呢？由国际生物科学联合会（International Union of Biological Sciences，IUBS）栽培植物命名法委员会编制的《国际栽培植物命名法规》（International Code of Nomenclature for Cultivated Plants，ICNCP）对其进行了详细的规定。其要点是，栽培植物的名称以属-种-栽培品种三级来划分，栽培品种

（cultivated variety）是本法规中所承认的最低等级单位，简称为品种（cultivar）。

品种在分类时归于种之下或属之下。对于品种的拉丁名，属名与种名的书写方式与上所述一致，而品种名的书写方式则是在品种名称（非斜体、第一个字母要大写）上加上单引号，在品种名称之后都不需附列命名人。例如对于梅花中的'美人'这个品种，其拉丁名为 *Prunus mume* 'Meiren'。再如对于凤梨科的观赏凤梨品种'火炬'，其是由 *Guzmania* 属（中文译为果子蔓属）中不止一个种参与杂交的杂交后代再杂交的产物，所以种名是无法明确确定的，只能直接归于属之下，其拉丁名为 *Guzmania* 'Torch'，中文称'火炬'凤梨，或'火炬'果子蔓凤梨。有关栽培植物命名的更多、更详细知识，也可阅读《国际栽培植物命名法规》中文版最新版本。

另外在各国，平时对某一品种的花卉称呼也可用普通名称来代替属或种的拉丁学名，再加上品种名称，如 Rose 'Peace' 或 'Peace' Rose，而中文名称一般习惯把品种名放在种名之前，称为'和平'月季。

（二）名称来源与概念

上面简要介绍了国际上对植物分类和命名的基本知识。在当今的植物分类学上，有个科叫 Rosaceae，我国植物学家把其翻译为蔷薇科，其下有个属叫 *Rosa*，植物学家把其翻译为蔷薇属。因为"蔷薇"这个植物词在我国早已经存在，它在当今的植物分类学上属于蔷薇属植物中的多种植物，如野蔷薇、粉团蔷薇、狗蔷薇、黄蔷薇、密刺蔷薇等，所以把其翻译为"蔷薇"是适合的。在英语中，有 Rose 这个植物普通名称，是指后来所有被归于蔷薇属的植物的通称。

需要注意的是，普通名Rose先存在，拉丁名后来才有的，Rose与Rosa的意思是一样的，只不过Rose是英语，Rosa是拉丁语。

但是，在我国第一个把"Rose"翻译成中文的，应该不是一个熟悉植物的人士，把其翻译成为了"玫瑰"（作者从网上搜索到有这种说法：20世纪初的新文化运动期间，大量西方文学作品被译成汉语，当时的翻译者遇到rose一词，一般都译成玫瑰），这也是导致后来内地出现玫瑰、月季和蔷薇这三个概念争议的最主要原因。从学术的角度来说，既然Rosa已经被翻译为蔷薇属，那么把"Rose"翻译成"蔷薇"才是准确的。而在此之前，中文也早已存在"玫瑰"这个植物名称，它在当今的植物分类学上属于蔷薇属植物中的一个种，即*R.rugosa*，又称刺玫花、皱叶蔷薇，其通常一年只开一次花，花单瓣，红色或粉红色（图1-1），另外其还包括有重瓣花在内的一些品种，如'紫枝'玫瑰（*R.rugosa* 'Purple Branch'）（图1-2）、

图1-1
玫瑰（*Rosa rugosa*）

图1-2
'紫枝'玫瑰（*R.rugosa* 'Purple Branch'）

'唐紫'玫瑰（*R. rugosa* 'Tang Purple'）、'苦水'玫瑰（*R.rugosa* 'Ku Shui'）、'中天'玫瑰（*R. rugosa* 'Zhong Tian'）（图1-3）、重瓣紫色的品种 'Belle Poitevine' 等。*R. rugosa* 的花朵芳香，可用于提炼精油、窨茶、食用等。由于蔷薇属中还有一些种或品种也有与 *R.rugosa* 类似的价值，例如突厥蔷薇（大马士革蔷薇，*R.damascene*）（图1-4）、白蔷薇（*R.alba*）、百叶蔷薇（*R.centifolia*）、'朱墨双辉'月季（*R.hybrida* 'Crimson Glory'）等，所以后来在国内，把蔷薇属中能够用于提炼精油、窨茶、食用等的种和品种也通称为玫瑰。例如，把突厥蔷薇称为大马士革玫瑰，把白蔷薇称为白玫瑰，把百叶蔷薇称为千叶玫瑰，把'朱墨双辉'月季称为'墨红'玫瑰等。

图1-3
'中天'玫瑰（*R.rugosa* 'Zhong Tian'）

图1-4
突厥蔷薇（大马士革蔷薇，*R.damascene*）

由于 Rose 一开始被翻译成为玫瑰，在中国香港、新加坡等地的华人约定俗成，一直以来不论是在民间、在商业上还是在学术上，都是把作为切花、盆栽、园林栽培等的所有蔷薇属植物称为玫瑰。因为玫瑰漂亮的外观而深受人们喜爱，该词也更显浪漫，在文学作品、歌曲、影视等中都有出现。广东处于我国改革开放的前沿，20世纪80年代开始就进行蔷薇属植物的切花生产，当然最开始只是出口到港澳地区，受港澳的影响商业上也把其称为玫瑰，之后这种叫法也在国内其他地区逐步流传开来，因此目前在国内商业上基本也都称之为玫瑰，但是一直以来似乎都没有得到国内学术界的认同和使用。

全世界蔷薇属约有317种，广泛分布在北纬20°～70°地区，自寒温带至亚热带，遍及亚欧大陆及北美、北非各处，其中亚洲中部和西南部则是蔷薇属植物的分布中心。特别是我国，是世界优秀蔷薇属原始种群的发源地，蔷薇属植物约有91种，分布于华东、中南、西北等地，以山东、河南、江苏、安徽和新疆为代表。野生种类喜生于路旁、田边或丘陵地的灌木丛中，往往密集丛生。近200多年来，在世界上被利用于创造新品种的蔷薇属原种约有15种，其中10种就原产于我国，如月季［*R.chinensis*，有'月月红'、'月月粉'（图1-5）等品种］、香水月季（*R.odorata*）、玫瑰（*R.rugosa*）、野蔷薇（*R.multiflora*）、光叶蔷薇（*R.wichuraiana*）等。

欧洲人很早就开始栽种蔷薇属植物。原产于欧洲的蔷薇属种类花期短，一年只开一次花，颜色单调，花朵不大，虽经成千上万次杂交，花的特性方面一直无法得到改良。直到17世纪末至18世纪初，欧洲人从中国引进了月季、香水月季等，把这些种类与欧洲和西亚原产的法国蔷薇（*R.gallica*）（图1-6）、突厥蔷薇、百叶蔷薇、麝香蔷薇（*R.moschata*）等原种反复进行杂交，由于中国种具有一年开花两次或多次反复开花、花瓣多、花香等特性，才使得杂交出来

图1-5 '月月粉'月季

图1-6 法国蔷薇

的品种花的特性发生了根本性的突破。1837年培育出了H.P.（Hybrid Perpetual Roses）的两个品种'海伦公主'（'Princess Helen'）与'阿尔贝王子'（'Prince Albert'）；到1867年首次培育出了H.T.（Hybrid Tea Roses）的第一个品种'天地开'（'La France'）。

在国内，"月季"这个植物名称也很早就已经出现，称为月季花，取名源于其月月开花的特性，在当今的植物分类学上也归属于蔷薇属的一个种，拉丁名为 *Rosa chinensis*。最早我国植物学家已经把Rosaceae翻译为蔷薇科，把 *Rosa* 翻译为蔷薇属。但是后来不知是何原因，在翻译国外有关蔷薇属植物文献资料时，有专家学者把"Rose"翻译成"月季"（而不是翻译成"蔷薇"，也不是"玫瑰"），之后也基本没有其他专家学者对此提出异议，之后的相关翻译也是如此，也就是说一直以来在国内学术界都把"Rose"译称"月季"。例如，把"Morden Roses"翻译为"现代月季"，把"American Rose Society"翻译为"美国月季协会"，把"Hybrid Roses"翻译为"杂种茶香月季"，把"Florbunda Roses"翻译为"丰花月季"，把"World Federation of Rose Societies"翻译为"世界月季联合会"等。

现代月季（Morden Roses）是指1867年首次育成杂种香水月季系统（Hybrid Tea Roses）第一个品种'天地开'（'La France'）以后，培育出的所有蔷薇属新品系及品种。国内外一直都在不断地进行反复、大量的杂交，现代月季至今已经成为具有3万多个品种的品种群，也是当今蔷薇属植物栽培的主体。

所以目前在国内学术界，对于"月季"有狭义的和广义的两种概念，狭义的月季是指 *R.chinensis*；当今一般都是用广义的概念，广义的月季就是指现代月季，简称为月季，因为原都属于杂交而来，其学名中的种名一般使用 *hybrida*（杂交种），完整的学名为 *Rosa hybrida* 再加品种名，如'萨蒙莎'品种完整的学名为 *R.hybrida* 'Samantha'。而如上所述，在国内目前对于"玫瑰"具有三种含义，一是指 *R.rugosa*；二是指可用于提炼精油、窨茶、食用等的蔷薇属种类品种；三是指所有的蔷薇属植物（海外华人圈和国内商业圈使用，但国内学术界并没有接受）。由此可见，月季和玫瑰的概念是比较复杂的，对"Rose"的翻译一开始就不准确以及后来的学者翻译又不一致，是导致其复杂乃至混乱的主要原因，以至于经常出现普通人问"月季和玫瑰怎么区分""这是月季还是玫瑰"等问题，是无法用三言两语就能够解释清楚的。

根据上面所述，大陆学术界称"月季"已经是事实，本书当然也是遵循，但是商业上称"玫瑰"也已经是事实。作者认为，普通人问"月季和玫瑰怎么区分""这是月季还是玫瑰"等这样的问题，用"现在人们所说的月季和玫瑰，二者没有什么区别，只是叫法不同而已"类似这样的简答就可以了。曾经有媒体报道：情人节期间有人投诉花店把月季当作玫瑰来出售，认为属于欺骗行为，而后竟然还真的有市场监督管理部门人员去花店进行查处！有相当多的学者只承认学术上的概念，而不承认商业上的概念（甚至不知道商业上就是使用这个概念），这显然是不对的，希望以后不要再出现这种不靠谱的现象。

二、品种的园艺分类

蔷薇属植物种类多，其发展历史悠久，特别是对于目前有3万多个品种的主要来自杂交的品种群，其中很多是经过成千次的杂交及回交的产物。因此，世界各国的分类学家和园艺学家创造了多种蔷薇属植物的园艺分类方法，这些方法各有利弊。英国皇家月季协会根据多年的试验，并借鉴其他国家分类法的优点，提出了新的分类法，1976年世界月季联合会在英国牛津举行专门会议，对这种分类法进行了修改，1979年在南非的比勒陀利亚会议上获得批准，于是成为了目前最权威的蔷薇属植物园艺分类法。此分类法中，把蔷薇属植物分为野生月季（Wild Roses，也有学者把其翻译成野生蔷薇）、古代月季（或古典月季，Old Garden Roses）和现代月季（Mordern Garden Roses）三大类。

目前现代月季品种已超过3万个，而且数目每年还在不断地增加。根据杂交亲本来源与生育性状，现代月季又被分为以下六大类：

（一）杂种茶香月季

杂种茶香月季（Hybrid Roses，简称为H.T.）的主要特点是：树势健壮美观，花梗硕长挺拔，有旺盛的开花能力，大部分单枝开花，花朵硕大丰满，形态优美，花色丰富艳丽，耐寒力强。它们是世界上最受欢迎的品种，适合于展览、切花及花坛布置。作为切花的月季品种，绝大部分属于这一类型（图1-7）。代表品种有'红双

图1-7
杂种茶香月季

喜''百老汇''和平'等。

（二）丰花月季

丰花月季（Florbunda Roses，简称为 Fl.）又称聚花月季，其主要特点是：分枝多，树形偏矮或中等高，叶和刺比杂种茶香月季略小，树形优美，呈灌丛状，耐寒也耐热，具有与杂种茶香月季一样的花型和丰富的花色，但花径略小，且花朵成簇集中开放。每到开花季节，繁花似锦，色彩缤纷，为整体效果极好的园林美化材料，适合于布置花坛，也适用于作切花和盆栽（图1-8）。代表品种有'金玛丽''柔情似水''杏花村''霍尔恩'等。

图1-8
丰花月季

（三）壮花月季

壮花月季（Grandiflora Roses，简称为 Gr.）又称为大姐妹月季或大花月季，是由杂种茶香月季与丰花月季杂交选育而成，既有大型

图1-9
壮花月季

重瓣的优雅花朵，又有成簇开放的花群，能连续大量开花，抗寒性强，植株高大，超过两个亲本，长势猛壮，抗病力较强，为极好的园林美化材料，有的品种也适宜作切花（图1-9）。代表品种有'伊丽莎白女王''坦尼克''粉色隐士''灿烂'等。

（四）藤蔓月季

藤蔓月季（Climbing Roses，简称为Cl.）又称藤本月季、爬藤月季，包括一年开一次花的藤蔓蔷薇和连续开花的藤蔓月季两大类。一般具有2～10米的长茎，能依附着支柱、棚架、墙垣或其他植物生长（图1-10）。著名品种有'安吉拉''莫扎特''西方大地''读书台''光谱''大游行''藤和平''溪水''金色阳光'等。

（五）微型月季

微型月季（Miniatures Roses，简称为Min.）为月季中最小型

图1-10
藤蔓月季

的品种，株高一般不超过30厘米，叶小，花小，花径2～3厘米，花色丰富，适用于一般盆栽和小盆栽（图1-11）。著名品种有'荣誉''明星''双辉''金背大红''铃之妖精''果汁阳台'等。

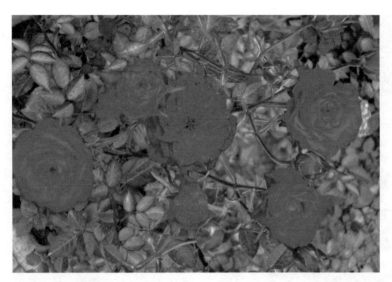

图1-11　微型月季

微型月季也有多种类型，如有四季成簇开花的丰花型微型月季，有长梗、单开、高心大花的杂种茶香型微型月季，有梗、蕾密被细毛的毛萼洋蔷薇，有高约15厘米、花径0.7厘米的微小型月季，还有茎长1.5～2米的藤本微型月季等。

（六）灌木月季

灌木月季（Shrub Roses）是一个庞杂的类群，几乎包括了上述类型所不能列入的其他多种类型的月季。灌木月季生长强健，抗性较强，适于粗放管理，在一般月季不能生长的地区也能良好地生长。

三、用途与应用

（一）作为切花

月季是世界上四大切花之一（图1-12），在国内外销售一直长盛不衰，多年来在情人节也一直占据着国际鲜切花贸易魁首的地位。例如，在世界上花卉最大的出口国——荷兰，1995年鲜切花生产中

图1-12　月季切花

以月季名列第一，产值高达5.28亿美元；2002年，荷兰各个花卉拍卖市场总共拍卖月季鲜切花达32.65亿枝，其中17.63亿枝（占54%）为自产，其余的进口自非洲、南美等地。

月季也是我国重要的商品切花之一，当今各省、自治区和直辖市都有生产。据农业部统计，全国切花月季种植面积2004年达到11.4万亩（1亩＝667平方米），较1998年增长5倍有余；2005～2012年之间，生产面积稳步增长，2012年达到20.7万亩，产量47.1亿枝。2016年生产面积在1000公顷以上的省份有云南、广东、湖北和四川，其中云南以6209.47公顷（1公顷＝1×10^{4}平方米）占全国生产总面积将近50%，销售额则达到全国总量的60%以上，出口量也居全国第一。

（二）作为盆栽

月季也是世界上盆栽观赏的重要花卉。近10多年来，由于进行特别适合小盆栽的国外微型月季新品种的引进和推广，盆栽月季的产量快速增长。还有人把月季培育成为月季盆景、树桩月季、月季树、笼状月季等造型月季（图1-13～图1-17）。

图1-13
盆栽月季

图1-14 盆栽微型月季

图1-15 微型月季盆景

图1-16 基部茎秆组成笼状

图1-17 盆栽月季树

月季属于灌木，目前国内流行把其栽培成为树状的"月季树"。月季树又称树状月季，是指把茎秆粗壮的野生蔷薇属种类培养成具有一个直立树干的植株，在树干上面再嫁接上一个或多个月季品种而培育出来的一种月季新型植株类型。月季树造型独特多样、高贵典雅、层次分明，观赏价值更高，适应性强，更不容易感染病虫害，适合作为盆栽，或用于多种绿化上，都能起到画龙点睛的美化作用。

（三）园林应用

月季除具有极大的观赏价值外，其株型及大小变化也很大，特别在国外是重要的园林布置材料，用途极广，可作为构成庭园的主景和衬景，作为沿墙的花篱和镶边，作有色地被和花坛镶边，作花墙、花柱、栅栏等。目前在国内许多地方，也把月季广泛应用于公园、道路、旅游区、校园、住宅小区等观赏（图1-18～图1-26）。

图1-18　月季在墙边种植

图1-19 月季片植观赏

图1-20 月季树孤植点缀

图1-21 月季路边种植作绿篱

图1-22 微型月季地被与月季树

图1-23 月季在花境边缘丛植

图1-24 藤蔓月季做拱门

图1-25　月季在道路中间的分隔带种植

图1-26　微型月季道路边缘种植

（四）食用

月季花朵和果实还可食用，成熟果实味酸甜。月季花朵迷人的香气和果实中富含维生素C、维生素A、维生素B_2等，使得月季花瓣和果实的加工产品在国外已渗入人们的日常生活，如高级维生素C糖浆、月季露、月季酒、月季蜜、月季果酱、月季黄油、月季蛋糕、月季香皂、月季皮肤清凉剂、月季冷霜等。在我国云南省安宁市，用'滇虹'玫瑰（图1-27）和'墨红'玫瑰（'朱墨双辉'月季，图1-28）花瓣制作的玫瑰鲜花饼，闻名全国。此外，当地还开发出玫瑰糖、玫瑰酒、玫瑰酱、玫瑰含片、玫瑰原汁饮料等众多产品；把花瓣作为菜肴，创造出了"出水芙蓉""凤凰于飞""蓝色妖姬""沉鱼落雁""闭月羞花"等富有诗情画意名称的菜品。

图1-27
'滇虹'玫瑰

图1-28
‘墨红’玫瑰
（‘朱墨双辉’月季）

（五）窨茶和泡水

  月季花朵还可用于窨茶，玫瑰花茶就是中国再加工茶类中花茶的一种，是由茶叶和玫瑰鲜花窨制而成的。西方也流行喝"花茶"，但并不像我国的花茶是把茶叶加鲜花来配伍的，他们所谓的"花茶"其实是把干花朵直接用开水冲泡而成的"花饮"。近十多年来"花饮"也开始在我国特别是年轻女士中流行，被称为花草茶、花冠茶，甚至叫养生茶，其中月季花就是主要的一种，称为玫瑰茶。在我国生产用于泡水喝的月季花蕾产品中，云南用‘金边’玫瑰（‘Phnom Penh’）生产出的产品在全国名气很大。‘金边’玫瑰成熟植株高度一般在1米左右，花朵较小，以多头形式开放，颜色为红色，因每个花萼边上均有两条黄白色的细边而得名，被专门用于生产泡水喝的干花蕾。根据宣传，玫瑰茶具有美容养颜、调节内分泌、理气养血、促进消化、疏肝去火等作用。

（六）提炼精油

蔷薇属中一些种和品种的花朵含芳香油成分很高，其提炼出来的精（华）油，英文称rose oil，中文翻译为玫瑰油或玫瑰精油。玫瑰油是世界上最昂贵的精油之一，有"精油之后"之称，是世界生产高级香料、高档化妆品等不可替代的原料。玫瑰油在市场上售价相当于黄金，甚至高于黄金，常见用于提炼精油的种、品种有突厥蔷薇、白蔷薇、百叶蔷薇、'苦水'玫瑰、'中天'玫瑰、'朱墨双辉'月季等，因此人们称这些"玫瑰花"为"金花"。像突厥蔷薇，需要约3500千克的花瓣（大概140万朵花），才能够提炼出1千克的

图1-29　大规模种植的玫瑰

精油，一滴精油需要约67朵花提炼，由此也可以理解为什么玫瑰油会如此珍贵。当今在我国，有"中国玫瑰之乡"和"中国玫瑰之都"之称的山东省平阴县和甘肃省永登县（该县苦水镇也有"中国玫瑰之乡"之称），是生产这些提炼精油的玫瑰花最出名的地方，它们也生产用于泡茶的干花蕾。在平阴县，随着玫瑰深加工龙头企业的逐渐发展，还形成了以食品、药品、化工、饮品、酿酒、香料、化妆品等产业为主要支撑的加工体系（图1-29、图1-30）。

图1-30
采收的玫瑰花蕾

（七）药用

从我国中医学角度来说，玫瑰（*R.rugosa*）的花瓣和花蕾也具有药用价值，其味甘、微苦，温，无毒，归肝、脾经，具有理气解郁、和血调经之功效，可用于治疗肝气郁结所致胸膈满闷、脘胁胀痛、乳房作胀、月经不调、痢疾、泄泻、带下、跌打损伤、痈肿等症。

第二章

月季形态特征
与生态习性

一、形态特征

在植物学上，对月季的介绍基本是：直立、蔓延或攀援灌木，在寒冷地区冬季落叶，多数被有皮刺、针刺或刺毛；叶互生，奇数羽状复叶，稀单叶；花单生或成伞房状，稀复伞房状或圆锥状花序；萼片5，稀4；花单瓣、半重瓣与重瓣都有，单瓣花花瓣5，稀4，重瓣花花瓣覆瓦状排列；花色十分丰富，有红、粉、橙、黄、白、紫等，还有双色、多色、混色等；雄蕊多数，分为数轮，着生在花盘周围；心皮多数，稀少数，着生在萼筒内，无柄，极稀有柄，离生；花柱顶生至侧生，外伸，离生或上部合生；胚珠单生，下垂。瘦果木质，多数，稀少数，单生在肉质萼筒内，形成蔷薇果；种子下垂。染色体基数x=7。

下面对月季的各主要器官进行更详细的介绍。

（一）根

在园艺学上，用种子繁殖而来的苗称为实生苗或播种苗，用扦插、分株、压条等方法繁殖而来的苗称为自根苗。月季实生苗具有明显的主根和较强的侧根，根系分布更深、更广，适应性和生活力强，寿命较长。月季自根苗的根为不定根，不如实生苗根系那么发达，适应性和生活力不如实生苗根强。同是不定根，野生种的适应性和生活力通常又要比栽培品种的更强。

根的主要作用除固定植株外，还从土壤中吸收水、肥、气给根系和植株生活利用。根系吸收水肥的部位，主要是在根尖处长有很多细小的茸毛——根毛的那一段。

（二）茎

月季的茎呈圆形，初生的茎多显紫红色，随着嫩叶放平逐渐变绿，进一步发育后转为青绿色。当年生的枝条，茎一般均为青绿色而富有光泽。2年生以上的枝条，茎逐渐变为灰白色，同时光泽消失而显得粗糙。

在茎上，除了少数种类品种光滑无刺外，大多数都长有尖硬的皮刺，因种类品种不同，有密刺、多刺和少刺之分。

茎上长叶的部位叫节，相邻两个节之间的部分，叫做节间。茎的顶端和叶腋处（即叶与茎相交的内角）都长有芽，芽是未发育的枝或花和花序的原始体。茎顶的芽叫顶芽，叶腋处的芽叫腋芽或侧芽。通常花下1～5个复叶处的侧芽是尖的，发出的花枝短，有6～9个复叶，现蕾早，通常15～18天，花朵小；枝条中部（花下6～9个复叶处）的侧芽为圆形，圆芽发出的花枝长，有13～16个复叶，现蕾时间较长，花朵大；枝条基部芽眼是平的，芽活性低，发枝慢，易发徒长枝，花枝现蕾时间更长。

月季有时候会在植株下部长出特别粗长的枝条，远远高于其他枝条，称为徒长枝，而且其一般不能开花。在栽培时如果出现这种徒长枝，需要尽快剪掉，以节省养分和保持株型。

（三）叶

月季的叶为奇数羽状复叶（在叶柄上着生两个以上完全独立的小叶片，这样的叶称为复叶，复叶的叶柄叫总叶柄，小叶的叶柄叫小叶柄，长着小叶的部分称为叶轴，羽状复叶的小叶排列于叶轴的两侧呈羽毛状），互生（每个茎节上只生一个叶子），托叶与叶柄合生，小叶数一般为 3～7 片（图2-1），多数为 5～7 片（5 片更多），有的品种多达 9～11 片，快开花时枝条上部（或者花下）一般有 2～3 个小叶数为 3 片的羽状复叶（图2-2）。

图 2-1
月季小叶数为 7 片、
5 片和 3 片的羽状复叶

图 2-2
花下有 3 个具 3 片小叶的
羽状复叶

小叶有卵圆形、椭圆形、倒卵形、广披针形等，叶缘有锯齿。叶脉网状。多数品种新发的嫩叶呈暗红或紫红色（图2-3）。成熟的叶，叶色一般有淡绿色、中等绿色、深绿色和褐绿色之分。多数品种叶面上有光泽（像在叶面上涂过油或蜡）；有些品种的叶完全无光泽；有些品种则介于有光泽和无光泽之间称为半光泽；另外有些品种叶脉深陷，使叶表变成多皱纹的特征。

图2-3
新发的嫩叶紫红色

（四）花

月季花为完全花（花萼、花冠、雄蕊和雌蕊这四部分俱全的叫完全花），着生于枝顶，有些品种为单生花（在茎枝顶上只生一朵花，图2-4），有些则是数朵花分布成伞房状（图2-5），花托半球形或椭圆形，萼片羽毛状，一般5裂。花瓣离瓣，瓣数因品种差异很大，少的一般只有5瓣，多的在40瓣以上。仅有一层花瓣的花称

图2-4
单生花

图2-5
数朵花分布成伞房状

为单瓣花，具有两层及两层以上花瓣的花称为重瓣花，花瓣超过一层但不及两层的称为半重瓣花。一般切花品种都为重瓣，花瓣数以21～39瓣为宜（图2-6～图2-8）。

月季花瓣的颜色丰富多彩，可分为单色、双色、多种色、混色、条纹及花心异色等。单色有红、粉、橙、黄、白、紫等，有的还有深、浅之分，大多数月季品种都为单色。双色月季是指每

图 2-6
单瓣花

图 2-7
半重瓣花

图 2-8
重瓣花

片花瓣正面与反面的颜色明显不同（图2-9），如'摩纳哥公主'
（'Princesse de Monaco'）、'热塔马利'（'Hot Tamale'）、'古典美'
（'Classic Beauty'）、'奶香昔可'（'Creamsicle'）、'老夫子'（'Old
Master'）等。多色月季是指花瓣色彩随着时间的推移而有明显的
变化（图2-10），如'荣光'（'Eiko'）、'光谱'（'Spectra'）、'詹
森'（'罗斯曼尼·詹森'，'Rosomane Janon'）、'果汁阳台'（'果
汁'，'Juicy Terrazza'）、'捉迷藏'（'躲躲藏藏'，'Cache Cache'）、
'单顶'（'Tancho'）、'遥远的鼓声'（'Distant Drums'）、'铜管乐

图2-9
双色月季

图2-10
多色月季

第二章　月季形态特征与生态习性

图2-11 混色月季（'红双喜'）

队'（'Brass Band'）等。像'光谱'品种，在不同时期花朵颜色不
一，其花色多为黄红混合，有时可呈一株多色，到花期结束花色会
变为浅白色；又如'化装舞会'品种，花初放时金黄色，逐渐变成
橙粉红，最后变成暗红，在一束花内同一时间可出现几种颜色。混
色或复色月季，是指在每一花瓣的里面或边缘有两种或多种不同
的颜色，如'红双喜'（'Double Delight'，图2-11）、'折射泡泡'
（'折射'、'Reflex'）、'吉普赛珍品'（'Gypsy Curiosa'）、'甜美'
（'Sweetness'）等。条纹月季是指花瓣上有明显与花瓣不同颜色的条
纹，如'说愁'（'Scentime，图2-12）、'流星雨'（'Abracadabra'）、
'克劳德·莫奈'（'Claude Monet'）等品种。花心异色月季是指花瓣
大部分为一种颜色，而花瓣基部呈另外一种颜色，远看类似多只明
亮的眼睛，最有代表性的是'你的眼睛'（'Eyes for You'）、'公牛的
眼睛'（'靶心'、'Bull's Eye'）、'甜蜜巴比伦眼睛'（'Sweet Babylon
Eyes'）、'阳光巴比伦眼睛'（'Sunshine Babylon Eyes'）等品种

图2-12
条纹月季（'说愁'）

（图2-13）。有的品种可能兼有上述两种甚至三种特点，如混色月季的代表品种'红双喜'，具有樱桃红外层花瓣和乳白色的心，其花色还会由白到红逐渐变化，初开时花瓣乳白色，仅在瓣边有一点点红

图2-13
巴比伦眼睛系列的各色品种

覆轮，随着花朵开放红色逐渐扩大，至花朵开足时红色几乎覆盖全花，因此也完全可以归于多色类型。而当今在月季界似乎也没有像上述这么细分，而是把它们全部称为混色或复色花。

月季的花型也有多种，但一般切花品种都为高心型，由较长的内瓣形成匀称的中心圆锥体。高心型也是杂种茶香型月季的典型花型（图2-14）。

图2-14
高心型、卷边翘角的花朵

经过反复无数次杂交，几乎产生了各种花色的月季，但是就是没有纯蓝色的品种，蓝色月季就成为了育种者们追求的目标。有人会问，市场上不是早已经有叫"蓝色妖姬"的月季切花出现了吗？实际上蓝色妖姬里的蓝色是假的，它是用一种对人体无害的蓝色染色剂和助染剂调合成着色剂，等开白色花的月季品种快到花期时，用着色剂浇灌花卉，让花像吸水一样，将着色剂吸入而使花瓣呈现蓝色。另外还有一种用蓝色金粉覆盖制作的蓝色妖姬，颜色不自然，容易掉色，不容易保存（图2-15）。

图 2-15
蓝色妖姬（花瓣中的
蓝色不是天然的）

　　20世纪50年代以来，发达国家对作物育种的研究进入了基因工程领域，一些公司也开始研究蓝色月季。经过努力，在2008年11月举办的东京国际花卉博览会上，由日本饮料巨头三得利公司与澳大利亚的Florigene Pty生物公司共同研发，全球首批真正的蓝月季才首次在公众面前亮相。这种蓝月季是转基因月季，是在月季中植入了三色紫罗兰所含的一种能刺激蓝色素产生的基因，使得月季花瓣呈现出了蓝色。三得利公司为这个月季品种取名'喝彩'（'Applause'，图2-16），并于2009年10月在日本市场开始销售，每枝的售价是日本普通月季的10倍左右。但实际上，'喝彩'的花瓣看起来好像只是浅紫色而已，离蓝色还有较大差距。此外，人们通过杂交育种的方法，也培育出了略带蓝色的月季，如德国培育出的品种'微

图 2-16
'喝彩'

蓝'('Kinda Blue',图2-17)、英国培育出的'蓝色梦想'('Blue for You',图2-18)、日本培育出的'蓝色风暴'('暗恋的心','Shinoburedo')、美国培育出的'蓝丝带'('Blue Rlbbon')等。

世界上有没有开黑色花的月季呢?答案是否定的。在大自然中,开黑色花的植物极为罕见,这主要与太阳辐射有关。太阳光是由赤、橙、黄、绿、青、蓝和紫7种不同颜色的光组成的,这些光的波长不一样,所含的热量也就不一样。我们日常看到的花色多为红、黄、橙、白等,这是由于这些花能够反射阳光中含热量较多的红色、橙色和黄色光波,以避免自身被高温灼伤。而如果花呈黑色,因为阳光中的全部光波能被吸收,在阳光下就会升温很快,因而花

图2-17
'微蓝'

图2-18
'蓝色梦想'

的组织很容易受到伤害。因此当今市场上有出现的所谓"黑色玫瑰"（图2-19），实际上并不是月季花瓣呈现真正的黑色，只是接近黑色的深红或深紫色，就是所谓"红得发紫，紫得发黑"而已。

图2-19
"黑色玫瑰"

（五）果实

月季的果实（称为蔷薇果）除常见的圆形、椭圆形之外，还有瓶形、葫芦形、西洋梨形等（图2-20），因种类品种不同，大小差异明显。颜色开始为绿色，中期泛黄，成熟时呈橘红色，上部裂开，内含棕褐色的骨质瘦果（种子）5～160粒。

图2-20
月季的果实

二、生态习性

　　月季属于多年生的灌木，由于其亲本来自多种蔷薇属植物，所以其对温度的适应性十分广泛，北至严寒的北欧、加拿大，南至炎热的印度及北非都可栽培，而且能适应多种土壤条件。

　　虽然月季对温度的适应性十分广泛，但一般我们还是称之为温带花卉，它喜欢凉爽的气温。月季在日平均温度5℃以上树液开始流动，开始萌芽生长，最适宜的生长温度为白天15～26℃，夜晚10～15℃。当日平均气温超过30℃时，植株呼吸作用大大增强，植株生长变差，花枝短，花蕾小，花瓣少，色泽淡甚至无光泽，作为切花就降低或失去商品价值。当日平均温度降低至5℃以下时，如果有一定的时间,植株就会落叶休眠,在我国绝大部分地区都是如此,所以在很多书上,月季被称为落叶灌木。在广东珠江三角洲、海南和云南西双版纳一带,一般冬季日平均最低气温都在5℃以上,虽然有时寒潮来临使温度低于5℃,但由于一般时间短暂,植株也不会落叶休眠,所以在这些地区露地种植的月季到冬季也都常绿。在休眠期间,月季大部分品种的枝干都能忍受-15℃左右的低温,但根部耐寒性较差而会受到冻害,在日平均气温降至-5℃以下时就需要采取培土、遮盖等防寒措施。

因此,在我国各地都可以种植月季。在冬季寒冷地区,只要让休眠的月季不被冻死,在第二年春天温度开始回升时它就会重新萌芽生长。另外,月季属于日中性植物,日照长短不会影响其开花,其开花主要受温度的影响。对于某个品种来说,从腋芽开始萌发生长,然后长出枝叶,接着花芽分化和花蕾长大,再到开花,这段时间所累积的温度就是积温,基本上是一个固定值。也就是说,腋芽从生长开始计算温度,随着不断地成枝生长,只要温度累积到积温温度时枝条就会开花。明白了这个道理,也就会明白为什么"月季会月月开花"了。当然,在我国也只有在广东珠江三角洲、海南和云南西双版纳一带,露地种植的月季才能够真正实现一年四季开花不断。需要注意的是,在上述地区,夏季不仅高温而且高湿,病虫害多,植株生长不良,切花品质差,如果管理不善植株甚至会死亡。在其他地区,露地种植的月季冬季会落叶休眠,就是处于暂时不生长状态,等到春天温度开始回升后再重新萌芽生长,再过一段时间才开花。由于夏季我国大部分地区都高温炎热,虽然远达不到使月季热死的温度,但是植株生长开花不良也都是普遍存的问题。在云南、贵州、四川等地的高原地带,由于夏季凉爽、光照强,露地种植的月季则生长开花良好。

月季是阳性植物，喜欢充足的阳光照射，每天如果有8小时以上的光照就可使月季生长良好。如果光照不足，则会使其生长和开花不良，如节间变长、茎变细、容易倒伏，叶片变小、叶色偏黄，花变小而色暗，有香味的品种香味也变淡，甚至出现不开花的现象。但是在着花期间，如果在夏季强烈阳光下暴晒以及由此引起高温，对花蕾的发育是不利的，花瓣也易不艳、变色甚至焦边，所以在夏季栽培月季最好使用遮阳网来进行遮阳。

月季喜水，土壤应经常保持湿润，但是浇水太多也不适宜。月季最适宜生长的空气相对湿度是75%～80%。月季是对高湿相当敏感的一种作物，从这一点看，在华南地区夏季高温高湿，温室大棚内容易存在湿度高的问题，对月季生长都是不理想的，此时良好的通风条件就显得尤为重要。相对湿度如果太低，则引起水分蒸腾、蒸发损失大，对叶片和花蕾的生长发育都不利，叶片容易出现畸形。

月季虽然能适应多种土壤，但最适宜的土壤条件是：富含有机质、疏松肥沃，既能排水透气又能保水保肥，pH值为5.5～6.5。

第三章

月季常见
栽培品种

一、切花品种

月季品种繁多，几乎都是在国外培育出来的。在20世纪80年代改革开放之前，我国花卉商品化生产程度很低，引进的国外月季新品种很少。在20世纪80年代末位于珠江三角洲地区的广州、深圳、珠海等地开始引进一些月季切花品种进行切花生产，产品主要用于供应港澳市场。后来随着国内鲜花消费需求的不断增长，切花月季的生产也快速发展，引进的品种也越来越多。期间我国也引进了一些包括微型月季在内的非切花月季品种，主要用于植物园、专类园和科研单位的研究、展示等。十多年前国内小盆栽月季开始在市场流行，国外的微型月季新品种也引进了比较多，丰花和藤蔓月季品种也陆续有引进。

作为切花月季品种，一般要求具有下列特点：花枝粗硬、有足够的长度，刺少，颈部（花枝顶部与花朵相接部分）硬，瓶插寿命长；花色鲜艳，瓣质好、硬韧、最好有天鹅绒或绸缎光泽，花瓣整齐；花形优美，呈高心、卷边、翘角；成花周期短，丰产性好；抵抗病虫害及高低温等不良环境的能力强等。切花又分为单头切花和多头切花两类，单头切花一枝开花枝上只有一朵花，市场上多为这类品种；多头切花在一枝开花枝上有多朵花，市场上这类品种比较少，如'折射''橙色芭比''甜心芭比''梦幻芭比''朱丽叶''海洋之歌'等。

国内原来使用的切花月季品种都来自国外，20余年来国内特别是云南也培育出了一些自己的新品种。国内外适合作为切花的月季品种也相当多，目前国内商品栽培也有数十个品种，如'萨蒙莎'（'Samantha'）、'索非亚'（'宝石'，'Saphir'）、'巴比仑'（'Papillon'）、'达拉斯'（'Dallas'）、'卡罗拉'（'Carola'）、'莫尼卡'（'Monica'）、'外交家'（'Diplomat'）、'贝拉米'（'Blami'）、'白成功'（'白胜利'，'White Success'）、'坦尼克'（'Tineke'）、'金徽章'（'Gold Emblem'）、'金奖章'（'Gold Medal'）、'大丰收'（'Grand Gala'）、'红衣主教'（'Kardinal'）、'杰·乔伊'（'Just Joey'）、'小白兔'（'Little Rabbit'）、'香欢喜'（'Perfume Delight'）、'影星'（'艳粉'，'Movie Star'）、'蓝丝带'（'Blue Rlbbon'）、'阿班斯'（'Ambiance'）、'耐心'（'Patience'）、'第一夫人'（'First Lady'）、'福斯塔夫'（'Falstaff'）、'柴可夫斯基'（'Tchaikovski'）、'德伯家的苔丝'（'Tess of the D' Urbervilles'）、'蜻蜓'（'Libellula'）、'黑魔术'（'Magia Nera'）、'黑美人'（'Black Beauty'）、'阿斯米尔黄金'（'Aalsmeer Gold'）、'粉佳人'（'Nirvana'）、'粉红雪山'（'Sweet Avalanche'）、'苏醒'（'Awakening'）、'糖果雪山'（'Candy Avalanche'）、'海洋之歌'（'Ocean Song'）、'冷美人'（'Cool Water'）、'红色直觉'（'Red Intuition'）、'秋日胭脂'（'Autumn Rouge'）、'印象派'（'The Impressionist'）、'折射泡泡'（'折射'，'Reflex'）、'红双喜'（'Double Delight'）、'林肯先生'（'Mister Lincoln'）、'香槟'（'Champagne'）、'金凤凰'（'Golden Scepter'）、'雪山'（'雪峰'，'Mount Shasta'）、'微光'（'Shimmer'）、'火烈鸟'（'Flamingo'）、'欢乐颂'（'Silantoi'）、'洛神'（'Goddess of the Luo River'）、'蜜桃雪山'（'Peach Avalanche'）、'摩纳哥公主'（'Princesse de Monaco'）、'伊丽莎白女王'（'Queen Elizabeth'）、'粉黛'（'Fen

Dai')、'唐娜小姐'('Prima Donna')、'彩云'('Saiun')、'嵯峨野'('Sagona')、'绯扇'('Hiohgi')、'蒂芬'（Tiffany）、'达莱博士'('Dr.Darley')、'黄和平'('Yellow Peace')、'白金'（'铂金'，'Precious Platinum'）、'粉和平'（'娇娥'，'Pink Peace'）、'凯丽'（'凯里'，'Carey'）、'朱丽叶'（'朱莉叶'，'朱莉亚'，'Juliet'）、'佛罗伦蒂娜'（'佛罗伦萨'，'Florentina'）、'奥古斯塔·路易丝'（'Augusta Luise'）、'伊芙·婚礼之路'（'婚礼之路'，'Wedding Road'，'Cloche de Mariage'）、'红粉佳人'（'Sweet Unique'）、'樱桃白兰地'（'Cherry Brandy'）、'海洋米卡多'（'Ocean Mikado'）、'真宙'（'Masora'）、'雪花肥牛'（'Lady Candle'）等。

图3-1～图3-43为一些切花品种的图片。

图3-1
'萨蒙莎'

图 3-2
'红衣主教'

图 3-3
'大丰收'

图 3-4
'金奖章'

图 3-5
'坦尼克'

图 3-6
'贝拉米'

图3-7
'莫尼卡'

图3-8
'卡罗拉'

图 3-9
'白贵族'

图 3-10
'索非亚'

图 3-11
'红双喜'

图 3-12
'柴可夫斯基'

图 3-13
‘德伯家的苔丝’

图 3-14
‘黑美人’

图 3-15
‘佛罗伦蒂娜’

图 3-16
'黑魔术'

图 3-17
'蜻蜓'

图 3-18
'小白兔'

图 3-19
'香欢喜'

图 3-20
'影星'

图 3-21
'蓝丝带'

图 3-22
'第一夫人'

图 3-23
'阿班斯'

图 3-24
'香槟'

图 3-25
'金凤凰'

图 3-26
'洛神'

图 3-27
'欢乐颂'

图 3-28
'火烈鸟'

图 3-29
'雪山'

图 3-30
'粉黛'

图 3-31
'摩纳哥公主'

图 3-32
'唐娜小姐'

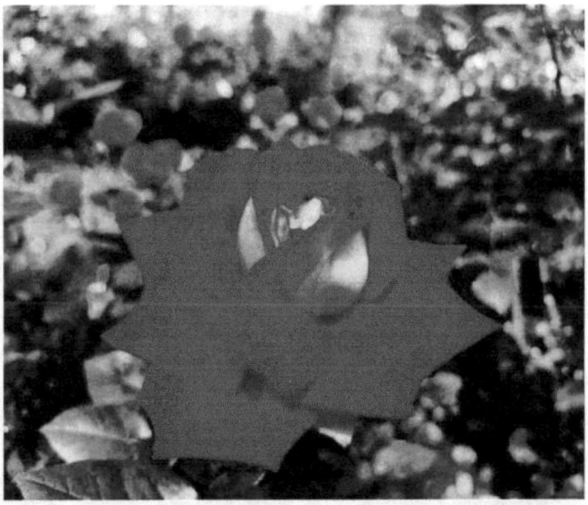

图 3-33
‘彩云’

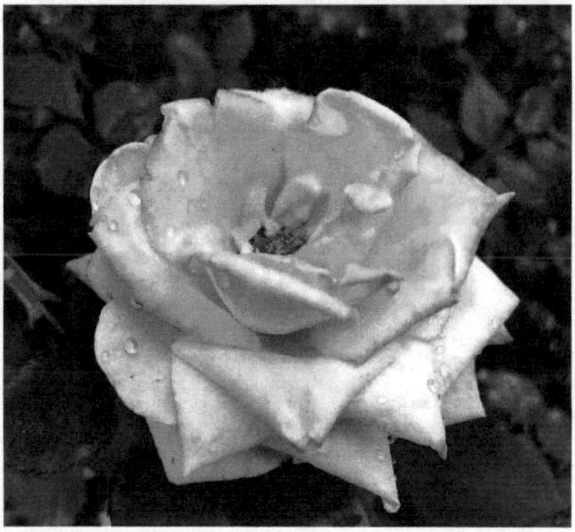

图 3-34
‘嵯峨野’

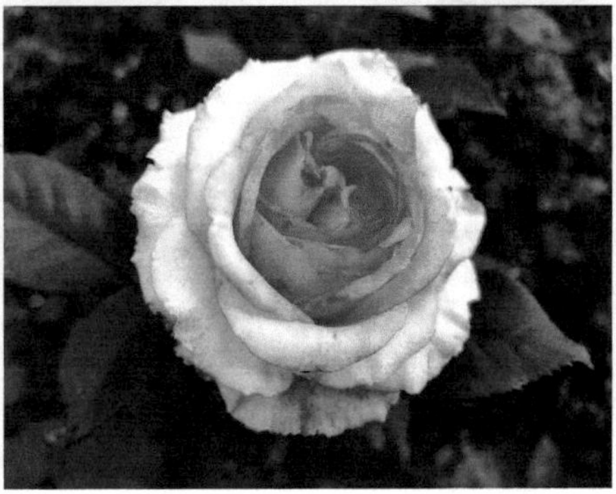

图 3-35
‘印象派’

图3-36
'达莱博士'

图3-37
'绯扇'

图3-38
'黄和平'

图3-39
'白金'

图3-40
'粉和平'

图3-41
'秋日胭脂'

图 3-42
'雪花肥牛'

图 3-43
'蒂芬'

二、盆栽品种

可以说，所有的月季品种都能够进行盆栽，只要花盆的大小适合就可以了。我国之前引进的月季品种多是属于切花品种，所以用于盆栽也曾经多是切花品种，丰花月季、壮花月季和微型月季品种不多。近10多年来情况得到大大改变，国内小盆栽月季在市场开始流行，更适合中小盆栽微型月季新品种也被不断被引进，国内也有自主培育的新品种出现，有些品种还进行了规模化的商品生产，广大的月季爱好者也纷纷在家庭阳台和露台种植这些新品种，常见的有'甜蜜马车'（'Sweet Chariot'）、'雪花'（'Snowflake'）、'小仙女'（'The Fairy'）、'蓝宝石'（'紫香'，'Blue Bajou'）、'红宝石冰'（'Ruby Ice'）、'金太阳'（'Golden Sunblaze'，'Golden Meillandina'）、'铃之妖精'（'Fée Clochette'）、'浪漫比克'（'Bico Baby Romantica'）、'金丝雀'（'Canary'）、'果汁阳台'（'果汁'，'Juicy Terrazza'）、'捉迷藏'（'躲躲藏藏'，'Cache Cache'）、'海神王阳台'（'海神王'，'Neptune King Terrazza'）、'诺娃'（'鲑红色阳台'，'Nova King Terrazza'）、'木星王阳台'（'木星王'，'Jupiter King Terrazza'）、'灌彩虹'（'彩虹'，'Rainbow's End'）、'玉米宝石'（'Corn Jewel'）、'永远的雪球'（'永恒雪球'，'Snowball Forever'）、'姬乙女'（'Suehime'）、'红莲'（'八女津姬'，'Yametsu-Hime'）、'白伍兹'（'White Woods'）、'绿冰'（'Green Ice'）、'闪电'（'埃克莱尔'，'Eclair'）、'彗星'（'Cometa'）、'超感'（'粉多头'，'Super Sensation'）、'白桃妖精'（'White Peach

Ovation'）、'金星王阳台'（'金星王'，'Venus King Terrazza'）、'乐园芒果蜜蜂'（'Bienenweide Mango'）、'土星王阳台'（'土星王'，'Saturnus King Terrazza'）、'流星王阳台'（'流星王'，'Meteor King Terrazza'）、'彗星王阳台'（'彗星王'，'Comet King Terrazza'）、'芳香王阳台'（'芳香王'，'Fragrance King Terrazza'）、'日蚀王阳台'（'日蚀王'，'Eclipse King Terrazza'）、'情歌'（'Love Song'）、'幸福之门'（'Porte Bonheur'）、'粉柯斯特'（'Pink Koster'）、'红柯斯特'（'Dick Koster'）、'伯尼卡'（'Bonica'）、'小伊甸园'（'Mimi Eden'）、'火焰'（'埃斯托里尔'，'Estoril'）、'金丝雀'（'富贵金丝鸟'，'Canary'）、'永远的那不勒斯'（'Napoli Forever'）、'敦促'、'夕阳'、'红色恋人'、'东方之星'、'小太阳'、'金平糖'、'仙路'、'淑女'、'柚子'、'彭彭'、'菜菜子'、'七变化'、'红粉佳人'、'红色重瓣绝代佳人'、'红宝石'等。

目前月季爱好者通常把微型月季简称为微月，把其品种分为大花型、小花型和超微型。超微型是指花特别小的月季品种，当然其叶子也很小，枝条细小，株型很矮。这里特别介绍一下超微型代表品种，来自日本的'姬乙女'（图3-44），又称为'须惠姬'、'姬'，其号称是世界上最小的月季，植株一般只有约10厘米高，自然分枝性很好，枝繁叶茂，树形直立、紧凑。花重瓣，径约1厘米。株型迷你，可以捧在手掌上，适宜放置在茶几、办公桌面等，小巧可爱。花色富于变化，刚开时是娇俏的桃红色，而后慢慢变成粉红色，最后是白色，因每朵花开放时间不同，会出现一树多色花的情况。总体说来，温度低时花朵偏红，夏天就容易开白花。

图3-45～图3-66是一些微型月季品种的图片。

图 3-44
'姬乙女'

图 3-45
'铃之妖精'

图 3-46
'甜蜜马车'

图 3-47
'仙路'

图 3-48
'伯尼卡'

图3-49
'灌彩虹'

图3-50
'七变化'

图3-51
'东方之星'

图 3-52
'粉柯斯特'

图 3-53
'果汁阳台'

图 3-54
'红宝石'

图 3-55
'红粉佳人'

图3-56
'红色重瓣绝代佳人'

图3-57
'红色恋人'

图3-58
'小太阳'

图3-59
'红柯斯特'

图 3-60
'玉米宝石'

图 3-61
'彭彭'

图 3-62
'淑女'

074

图3-63
'夕阳'

图3-64
'柚子'

图3-65
'小伊甸园'

图3-66
'金丝雀'

三、园林绿化和庭院品种

几乎可以说，所有的月季品种都能够应用于各种园林绿化和庭院种植观赏。由于我国之前引进的月季品种多属于切花品种，所以在国内园林绿化和庭院种植的月季也曾经多是切花品种，丰花月季、壮花月季、藤蔓月季和微型月季品种不太多。由于在园林绿化上，几乎没有任何绿地植物的养护管理可以达到像商业生产切花和盆花那样的精细程度，所以所选择应用的月季品种，在适应性、抵抗不良环境和病虫害的能力上应当更强。近年来有企业看好国内月季在园林绿化市场的潜力，已经开始引进更适合园林应用的丰花月季、壮花月季和藤蔓月季新品种，进行生产和推广。要强调的是，有的丰花月季和壮花月季品种也是适宜作切花用的。

图3-67～图3-90是另外一些适宜园林绿化和庭院应用的品种。

图 3-67
'绿野'
（'Lu Yie'）

图 3-68
'紫袍玉带'
（'Royal Mondain'）

图 3-69
'肯特公主'
（'Princess Alexandra of Kent'）

图 3-70
'冰山'
（'Iceberg'）

图 3-71
'天方夜谭'
（'Sheherazad'）

图 3-72
'说愁'
（'Scentimental'）

图 3-73
'可爱绿'
（'Lovely Green'）

图 3-74
'杏仁'
（'Amaretto'）

图 3-75
'克劳德·莫奈'
（'Claude Monet'）

图 3-76
'太阳仙子'
('Sunsprite')

图 3-77
'爱'
('Love')

图 3-78
'红帽子'
('Rodhatte')

图 3-79
'白圣诞'
('白色圣诞','White Christmas')

图 3-80
'夏日花火'
('Summer Fireworks')

图 3-81
'优雅'
('Touch of Class')

图 3-82
'爱丽丝公主'
（'Princess Alice'）

图 3-83
'你的眼睛'
（'万众瞩目'，'Eyes for You'）

图 3-84
'月亮女神'
（'Cynthia'）

图3-85
'流星雨'
（'Abracadabra'）

图3-86
'金玛丽'
（'Goldmarie'）

图 3-87
'蓝色阴雨'
（'Rainy Blue'）

图 3-88
'空蒙'

图3-89
'幻紫'

图3-90
'巨花美兰'

第四章

月季繁殖方法

月季的繁殖方法有多种，如扦插、嫁接、压条、分株、组织培养、播种等，在国内切花生产上一般使用扦插和嫁接进行繁殖，盆栽使用扦插进行繁殖。在进行繁殖时涉及的各种材料和工具，如繁殖材料、基质、刀、剪、操作台、苗床、容器等，都必须干净或经过消毒。对于刀、剪、操作台等，可用75%的酒精浸泡或擦拭。

一、扦插繁殖

这里只介绍绿枝扦插。绿枝扦插是指选用当年形成的新枝来进行的扦插，一般在5～6月或9～10月进行，盛夏一般不太适宜进行扦插。剪下用于扦插的枝段或茎段叫插条或插穗。

对于植物一般的带叶扦插，插条在生根前干枯死亡是插条失败的主要原因之一。叶片能进行光合作用制造碳水化合物以及能制造生长激素，所以插条上叶子的存在是刺激插条生根的强有力因素。但是因为插条无根，无法像在母体上时那样获得正常水分，而叶子仍然进行蒸腾作用使插条的水分失去，所以叶的存在又有导致插条可能因失水而枯死的风险。因此，通常插条叶面积越大，插条干死的可能性也越大，特别是对于生根慢的种类。一般在实际扦插时，应限制插条上的叶数和叶面积，一般留2～4片叶，大叶种类还要把叶片剪去一半或一半以上。

叶片蒸腾作用的强弱与空气相对湿度有密切关系，湿度越大蒸腾作用越小。扦插时通常采用喷水、喷雾、塑料薄膜覆盖等措施增加空气湿度，以减少插条失水。如果能够通过喷弥雾的方法来长时间保持极高的空气湿度，叶片蒸腾失水减少甚至不失水，插条带叶多也没有问题，叶片多就能制造更多的碳水化合物和生长素，这样不仅成活率很高，而且生根质量好。

月季进行绿枝扦插时，剪取生长健壮充实、无病虫害的生长枝或刚开过花的枝条，把顶端的残花连同下面第一个5小叶的复叶部分全部剪去，再把枝条剪成至少具有3个节，长7.5～12厘米的枝段，枝段上部留2个复叶，每个复叶留2～4片小叶，上端的小叶剪去，枝段的下部叶全部剪除（刺可不除），然后用利刀在枝段上部离节约1厘米处与芽平行的方向斜切一刀，下部切口则在靠近节下处斜切一刀，这样插条就准备好了。要注意最好在凉爽的早晨剪取枝条，此时枝叶内细胞充满水分，如果枝条或插条来不及处理或扦插，一定要放在阴湿处，以免失水。

插条生根过程中会遭受到多种真菌的侵袭，严重时插条就会死亡（图4-1）。用杀菌剂处理可以保护插条，使其得以成活并增进根的质量。适宜的杀菌剂有克菌丹、苯菌灵（苯来特）、多菌灵等，可以把杀菌剂按照说明配成适合浓度，然后把插条浸泡约5分钟即可，之后再蘸上生根粉。也可先把杀菌剂粉与滑石粉按1：1的重量比均

图4-1
插条未生根前感病死亡

匀混合，把浸过生根剂溶液的插条基部再蘸上杀菌剂。

　　用适宜的植物生长调节剂来处理插条基部，可以促进插条生根快、生根多，市场上有多种这类被称为生根粉（粉剂）或生根剂（液剂）的产品出售。把浸泡过杀菌剂的插条基部蘸上生根粉，然后在准备好的扦插基质上先用小棒插出个小洞后，再把插条基部插入，插入的深度为插条长的1/3～1/2，株行距以插条之间的叶不互相重叠为宜（图4-2～图4-5）。插后要向基质淋足水分。月季品种繁多，不同的品种扦插生根能力也不同，有的容易生根，有的则很难生根。

图4-2
剪好的插条

图4-3
插条基部在
靠近节下用利刀进行斜切

图4-4
浸泡过杀菌剂的插条基部
蘸上生根粉

图4-5
插条插在珍珠岩里

（一）一般的扦插

如果是用插床，插床上需搭小拱棚，上覆塑料薄膜以保湿，再
覆遮阳网以遮阳。如果是用花盆进行扦插，花盆要放在阴处，切不

可让阳光直射。插后如果气温在25～30℃之间，一般约25天可开始发根。扦插期间应特别注意管理：第一，插后10天内，空气湿度要保持85%以上，所以对于插床，昼夜都要把塑料薄膜盖紧，而盆插则每天都要注意向叶面多次进行喷水，基质也要求保持湿润；第二，插后第11天开始，可渐趋干燥，插床可白天覆盖薄膜，晚上揭开，并且逐渐见阳光，插床一般上午九时前至下午四时后不必遮阳；第三，扦插20天后可接受全日照，基质可保持稍干些以利于生根。当根长至约2厘米长时就可进行移植了。移植时尽量不要伤根，若用盆栽，需把盆移至阴处数天以后再进行正常的管理。

（二）全光照间歇喷雾扦插

目前广东有些花场采用全光照间歇喷雾的方法来扦插月季，无论是插床还是盆插，都不进行任何覆盖而直接见光，每30分钟喷雾一次，每次喷若干分钟，夜间停止喷雾。等到插条生根后，可减少喷雾次数，保持基质湿润即可。在温度25～30℃、阳光充足的条件下，插条从扦插到生根需20多天（图4-6）。

图4-6
露地全光照间歇喷雾扦插

用于让插条生根的材料叫做扦插基质。扦插基质要求干净、既疏松透气排水又能保水，一般都不需要含有营养元素。常用的基质材料有泥炭、珍珠岩、蛭石、河砂、苔藓等，可单独使用或两种以上材料按一定比例混合起来使用（图4-7），最便宜而且普遍使用的基质是河砂，但其保水性差，所以要更多地进行浇水。用过的基质最好不要再用，否则容易感染病害，使插条死亡。如果需要再用，应使用福尔马林消毒。消毒时，把40%的福尔马林按1∶50的比例与水混合，喷在基质上（每升药液可施约7.75升基质），拌匀，再用塑料薄膜覆盖24小时以上。之后除去薄膜，散开基质，并多次翻动，需1～2周的时间让药气味全部消除后才能进行使用。

图4-7
由泥炭添加部分珍珠岩作为
基质扦插成活的苗

目前也有人使用废弃的插花泥来代替扦插基质，插花泥不仅容易固定插条，还能保水和透气。把插花泥剪成长宽约2厘米、高约3厘米的小方块，用比插条细些的硬棒先在插花泥块中间插个洞，再

图4-8
用插花泥扦插成活的苗

插入插条约2厘米深即可。插条生根后可不用去除插花泥，直接定植于田间或上盆种植。插花泥扦插的苗基本上免去了用上述基质扦插时所需要的移植过程，不易伤根（包装运输也是），种植方便，成活率高，留下的插花泥对植株将来的生长也没什么影响（图4-8）。

二、空中压条繁殖

有些月季品种扦插不易生根，若改用空中压条繁殖则情况会得以改善。因为压条繁殖时枝条还留在母体，木质部没有被切断，所有的水分和营养元素仍然可由母株供应，因而成活与否不像扦插繁殖时的插条那样取决于生根前枝条能维持时间的长短，这就是为什么许多品种的压条繁殖比扦插繁殖更容易成功的一个重要原因。我国台湾种植的切花月季，曾经就是以空中压条繁殖为主。

空中压条过程的第一步是在茎上进行环状剥皮。月季茎里面坚硬呈白色的部分叫木质部，外面部分叫树皮或表皮，树皮与木质部之间有一层肉眼无法看出的形成层，树皮与木质部之间在生长期很容易用指甲进行剥离（图4-9），剥离后树皮带有形成层更多。选好粗壮的枝条，用利刀在离茎尖15～25厘米、在节的下方进行约1厘米宽的环割（深度刚好到达坚硬的木质部），把树皮剥去，再用刀把木质部暴露面上的残余形成层刮净。如果不把形成层刮净，形成层

图4-9
环状剥皮

细胞能不断分裂使树皮上下部分再愈合，从而使生根失败。如果能在上切口处涂上生根粉，对以后生根效果就更好。上部枝条可以再剪去部分，上下影响操作的刺也尽量剪去。

然后用湿润的基质包裹在环剥口上，基质可用水苔、泥炭甚至壤土，再用一块12～15厘米见方的塑料薄膜把基质包住，上下两端用绳扎紧，以固定基质以及保湿。或者先把塑料薄膜下端绑紧，再填入基质，最后绑紧上端（图4-10～图4-15）。

图4-10
在节的下方进行环割

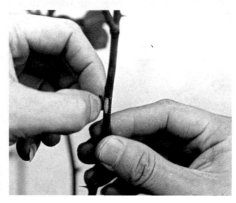

图4-11
剥去树皮

图 4-12
刮去木质部上残余的形成层

图 4-13
把塑料薄膜下端先绑紧

图4-14
填入湿润的基质

图4-15
把塑料薄膜上端再绑紧

当透过薄膜见到根已长出来时，就可把枝条从绑口下端剪下，小心去掉薄膜，尽量不要松落基质及伤根，再进行种植。若叶片太多，需要去除一部分叶，以防止过度蒸腾失水导致植株萎蔫甚至死亡。上部枝条太长的剪去部分，留下3～5个节（图4-16～图4-20）。

图4-16
透过薄膜可以观察到
根是否已长出

图4-17
剪下的生根压条苗

图4-18
把压条苗取出

图4-19
上盆种植完毕
塘泥作为基质

图4-20
压条苗成活萌芽

三、嫁接繁殖

嫁接繁殖是指将两个植物部分结合起来使之成为一个整体，并像一株植物一样继续生长下去的技术。在嫁接组合中，上面的部分称为接穗，下面承受接穗的部分叫做砧木。

月季用扦插和压条繁殖方法得来的苗属于自根苗。与嫁接苗相比，自根苗根系不够强旺，生产寿命较短（据我国台湾资料介绍，切花用的自根苗多在3～5年后老化，产量降低，易染根系病害），耐高低温、耐干湿、抵抗线虫及病害能力都较差，所以国内外普遍利用嫁接苗来生产月季切花。如果利用蔷薇属野生种类作为砧木（砧木是播种的实生苗更好）进行嫁接，嫁接植株生长更好，抗逆性增强，寿命延长（一般国外以嫁接苗生产的切花植株，可保持7～10年的高产寿命）。嫁接繁殖为国外通用的切花月季繁殖模式，行之数十年均有最良好的效果。在一株砧木上还可以同时嫁接几个不同的月季品种，使得嫁接植株能开几种不同颜色的花，从而大大增加观赏价值。不过嫁接繁殖时操作比较繁琐，技术要求较高。

（一）砧木的选择

砧木以粗生的蔷薇属野生种类为多，常见的有七姊妹（*R.multiflora* var. *carnea*）（图4-21）、白玉堂（*R.multiflora* var. *alboplena*）、野蔷薇（*R.multiflora*）、粉团蔷薇（*R.multiflora* var. *cathayensis*）、狗蔷薇（*R.canina*）、月季花（*R.chinensis*）、曼尼蒂月季（*R.manetti*）、荷兰玫瑰（*R.rugosa* var.*hollandica*）等。考虑到嫁

接的便利和快速性，当今国内还有利用从国外引进的无刺或刺极少的蔷薇类做砧木，多为日本无刺蔷薇（图4-22）。砧木的繁殖可用扦插或者播种，用播种的实生苗进行嫁接的植株，其生活力和抗逆性比用扦插苗进行嫁接的植株更强。

图4-21
七姊妹

图4-22
无刺蔷薇

以七姊妹的扦插为例，选择粗壮的枝条，把枝条剪成约15厘米长，叶片可全部去掉或留下一部分，其余具体过程可参照上述月季苗的扦插繁殖。由于砧木很粗生，枝条很容易生根（图4-23～图4-26）。

图4-23
砧木繁殖地里的七姊妹

图4-24
砧木插条插在珍珠岩上

图4-25
扦插过程中砧木长出新叶

图4-26
生出许多不定根的砧木

如果砧木是带叶片在全光照间歇喷雾下进行扦插，那么在温度25～30℃、阳光充足的条件下，插条从扦插到成活出圃，约需25天的时间，成活率可达90%以上。

把生根后的砧木取出栽种在营养袋或花盆中，基质最好使用富含有机质的壤土，及时浇上定根水。以后的管理主要也是浇水，基质表面干了即进行浇水。在种植后20～30天，就可用于嫁接了（图4-27～图4-29）。

图4-27
营养袋上先装上部分基质

图4-28
把砧木放入再填上基质

图4-29
种植成活后可用于嫁接的砧木

（二）嫁接

嫁接之前，要先准备好干净的工具，如枝剪、嫁接刀、捆绑用的塑料薄膜条等。嫁接刀要相当锋利，才能把切口削得十分平滑，从而嫁接速度和成活率才能提高。

嫁接能成功的主要原因，是由于砧木与接穗上的形成层细胞能不断分裂使两者紧密融合在一起，所以在嫁接时要尽量让砧木与接穗的形成层对准紧贴。另外嫁接的速度要快，以防切口氧化变色。

月季嫁接的方法有枝接和芽接两大类，下面介绍的是常见的"T"字型芽接和贴接两种芽接方法。

1. "T"字型芽接

嫁接之前，先在母株上剪下具有饱满芽的枝条，把叶片除去，然后放在水中或用湿布包住以保湿（图4-30）。

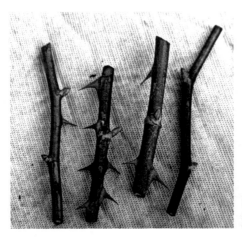

图 4-30
准备好的含有接芽的枝条

（1）砧木切法

在准备嫁接前半天，先把砧木浇一次水。在干净的砧木离地面
3～5厘米处，去掉上下4厘米范围内的刺，选择平滑处先横切一刀，
深达木质部，再由横切线的中部深达木质部向下切一刀，切口长约
1.2厘米，这样纵横切口就像是个"T"字。接着再用刀尖或指甲小
心把树皮从纵切口向两边挑松或剥开但不剥掉（图4-31～图4-33）。

图 4-31
砧木上先横切一刀

图4-32
再竖切一刀，
成为一个"T"字型

图4-33
用刀尖把切口两边树皮挑松

（2）切取芽片

　　在已准备好的枝条上选取饱满芽（芽生长的时间不能太长），接着在芽的下方先斜下切一刀，深达木质部，再在芽的上方斜下用力切到木质部，再均匀平滑用暗力从上至下端切口把芽片切下，芽片总长约1厘米，宽约0.4厘米。芽片上若带有木质部，需把其剔去（图4-34～图4-36）。

图 4-34
在芽的下方先斜切一刀

图 4-35
在芽的上方再斜下切一刀

图 4-36
与茎平行用暗力往下
切至下端切口把芽切下

（3）接合

用拇指和食指捏住接芽，小心把芽片放在砧木横切口处，中间对准纵切口自上而下慢慢插下，直至芽的上端刚好与砧木横切线齐平为止，芽也就没入砧木切口里面。最后用薄膜条（将家庭用保鲜薄膜切成条状作为绑扎用效果也极好）在接芽下绕一圈，再绕到接芽上方，上下各绕2～3圈，但要露出芽尖，切口一定要被薄膜盖住，最后把薄膜条末端塞入上圈内一拉，即可扎好，绕时松紧要适度。至此，芽接作业完毕（图4-37～图4-43）。

图4-37
捏住芽，把芽片塞入砧木切口

图4-38
芽片上端与砧木横切口吻合

图 4-39
用薄膜在接芽下方绕一圈

图 4-40
往芽上方绕一圈

图 4-41
上下各绕 2 ~ 3 圈

图4-42
打一个圈，把薄膜条
末端塞入圈内

图4-43
用力拉好

芽接的时间原则上在月季的生长期都可以进行。芽接后如能在接口处遮上一层黑纸，则有利于伤口愈合，直至芽萌发后再除去。如果砧木基部发生砧木芽，要及时剪去。芽接后还要注意进行正常的水、肥、松土、除草、防治病虫等管理。芽接约一周后，如果芽片或芽点已变色发黑，说明接芽已死亡，此时可另选嫁接部位进行重新嫁接。芽接成功后，接芽会长大，长出新叶，有几片新叶时就可把接芽上的砧木枝剪去。

2.贴接

上述"T"字型芽接成活率高，但速度慢。为了简化操作过程，可采用贴接法，如果操作合乎要求，成功率也高。下面介绍的主要是与"T"字型芽接中的不同之处，其余操作与上述"T"字型芽接的方法一致。

（1）砧木削法

在砧木平滑处从上至下削一个切片，长约1厘米，宽约0.4厘米，然后留下切片基部少许把切片切去（图4-44～图4-46）。

图4-44
砧木上切一切片

图4-45
切片下端斜切一刀，
留下基部少许

图4-46
切下的切片及切口

（2）切取芽片

选取饱满的芽，与砧木削法一样，切下一个切口大小一致的芽片（图4-47）。

图 4-47
切取芽片

（3）接合

把芽片吻合地贴在砧木切口上，芽片基部与砧木切口基部紧接，然后进行绑扎（图4-48～图4-51）。

图 4-48
用拇指与刀夹住芽片
与砧木接合

图4-49
紧接砧木切口基部及
切面的芽片

图4-50
绑扎

图4-51
一个多月后嫁接苗上的
接芽长叶情况

芽接主要在每年植物生长活跃、形成层细胞迅速分裂而容易成活的季节进行，因此在春、夏、秋三季都可进行芽接。但因为同时也需要有合乎要求的发育良好的芽，所以对于大多数种类来说，在北半球一般在三段时间进行芽接：7月末至9月初（又叫秋季芽接）；3月至4月（春季芽接）；5月末至6月初（六月芽接）。但是在不同的地区、不同种类芽接时间也并非一定如此。

在广东珠江三角洲一带一般都采用贴接法来嫁接切花月季。砧木的繁殖时间通常在立秋以后，此时广东地区雨水减少，白天阳光充足，昼夜温差较大，有利于砧木生根成活。而嫁接时间则在11月中下旬开始至翌年3月（月季在珠江三角洲一带冬季一般不休眠），这段时间嫁接成活率较高。4月后雨水较多、湿度大，嫁接成活率较低。

芽接后注意检查成活情况，成活的要及时除去绑扎物，芽接未成活的可在其上或其下进行补接。秋季或夏末或冬季芽接的若在翌春发芽，在发芽时要及时剪去接芽以上的砧木，以促进接芽萌发。其他时间芽接的可待成活后即进行剪砧。由砧木基部所发出的芽，均要随时彻底摘除，以免消耗水分和营养（图4-52）。

**图4-52
随时摘除砧木基部所发出的芽**

第五章

月季露地栽培
主要技术

本章主要介绍的是露地切花月季的主要栽培技术。广东可以说是国内进行月季切花商品化生产的领头羊。从20世纪80年代末开始，位于珠江三角洲地区的广州、深圳、珠海等地就进行了切花月季品种的引进和栽培，并进行了相关的研究工作。随着月季在广东安全度夏问题的解决，广东的月季生产面积迅速扩大，高峰期曾发展至上万亩。

广东珠三角地区冬季具有温暖的条件，因此能够露地生产切花（图5-1），当今海南省也能露地生产切花。但是珠三角一带冬季毕竟还可能出现5℃以下的低温，所以在珠三角露地栽培的切花月季品种，除了具有前文所述的对切花品种的要求外，还应具有在这种低温条件下能正常现蕾、开花以及花瓣不容易受害的特点。另外，广东春雨连绵、夏季台风暴雨多且高温高湿，月季黑斑病发生也特别严重，所以切花品种还应能够耐高温、高湿的环境，对黑斑病具有良好的抗性。比较适宜的品种，有'萨蒙莎''红衣主教''大

图5-1
广东珠三角地区露地
生产月季切花

丰收''金奖章''坦尼克''白成功''贝拉米''外交家''莫尼卡''苏醒''克劳德·莫奈''朱丽叶''凯丽''真宙''佩尔朱克''诱惑''温柔珊瑚心''皇宫''紫霞仙子''蒙娜丽莎''艾莎''黑魔术''梅朗口红''芬得拉'等。

一、选择适宜的栽培场地

月季应选择能让太阳光直射、空气清新、通风良好的南向开阔地作为栽培场地。月季虽然喜水，但也怕浸水。在南方因为雨水多，周围排水要通畅，以防雨季或暴雨让植株受到水淹。

二、土壤改良

（一）改良土壤的质地

土壤是由空气、水、矿物质和有机质组成的混合物（土壤中也含有微生物，这样土壤就由五部分所组成）。空气和水存在于矿物质和有机质颗粒之间的孔隙中。

矿物质是由岩石经过几百年或几千年通过风化作用而分解形成的大小不一的颗粒。颗粒的大小差别很大，通常把有用的颗粒分为砂粒（直径为0.02～2毫米）、粉砂粒（直径0.002～0.02毫米）和黏粒（直径小于0.002毫米）这三级。土壤的质地是指土壤中这三种粒级所占的比例。根据质地不同把土壤分为砂土类（含砂粒较多）、壤土类和黏土类（含黏粒较多）这三大类，每大类下又可再分为几种，如壤土类分有砂质壤土、壤土、粉砂质壤土、砂质粉壤土、黏壤土和粉砂质黏壤土这六种。

通常颗粒越大，它们之间的空隙也越大。砂粒间的空隙称为大孔隙。在大孔隙中，水分移动和渗透很快，水分排走后空气补充进入，所以大孔隙也叫做通气孔。黏粒之间的空隙很小，叫做小孔隙，小孔隙能持久地保持水分。黏粒由于颗粒极小，带有负电荷，能够吸附如K^+、Ca^{2+}、Mg^{2+}等阳离子而使他们不容易被水淋洗掉，所以黏粒具有保肥能力。

砂土类由于含砂粒多，也就是大孔隙多，因此排水性和通气性很好。砂粒不易黏结在一起，因此显得疏松，土壤疏松的特性能使根深深地扎下去，而且容易耕作。但是由于砂土类含黏粒少，保水与保肥性差。

黏土类含砂粒少，含黏粒多，如果黏粒不能够黏结在一起形成团粒，那么黏土类土壤排水与透气性差，容易积水和板结，根系不易深入生长，而且不易耕作。但黏土类含黏粒多，所以保水和保肥性好。

壤土类土壤所含的各粒级比例较协调，其含有足够的砂粒，利于排水和通气；又含有足够的黏粒，可保持水分和营养元素达到作物需要的程度；其耕性也较好。

栽培月季土壤要求肥沃疏松、既排水透气又保水、保肥，pH值为5.5～6.5。在上述三种质地的土壤当中，壤土类是更适宜月季生长的理想土壤，而以砂壤土更好。把不适宜的土壤改变成适宜的土壤，称为土壤的改良。土壤改良可分为完全改良和部分改良。如果现有土壤不适合，可以换用适宜的土壤，这种为根系层带来新土的方法称为完全改良，由于所需的成本太高，一般难以实现。通常采用的办法是部分改良，就是向现有的土壤掺合一些材料，来改善其不良的特性。

砂土类保水与保肥性差，虽然可以通过增加浇水施肥次数的方法使月季生长良好，但是成本也增加了，水肥的流失浪费也更多。砂土类的改良方法是，可以向其混入黏土类土壤。没有良好团粒结构的黏土类排水与透气性差，这样的土壤月季完全无法生长良好，一定要进行改良。黏土类的改良方法，可以向其混入砂土。如果在黏土中直接加入更容易得到的砂子呢？遗憾的是砂子通常是一种低效能的土壤改良物质，它甚至能导致黏土产生一种胶泥状的混合物，常需要把大量的砂子混合到根系层才能见效。

掺合富含有机质的壤土，改善黏土和砂土的质地都有良好的效果。方法是15～20厘米厚的现有土壤可均匀混入5～10厘米厚的壤土。当整个根系层的土壤质地都能改善时，效果最好。

但是，上述的这些改良土壤质地的方法，存在着所需要的黏土、砂土或壤土不容易找到的问题。

（二）改良土壤的结构

在自然界中，土壤固体颗粒完全呈单粒状况存在是很少见的。在内外因素的综合作用下，土粒相互团聚成大小、形状和性质不同的团聚体，这种团聚体称为土壤的结构。在多种土壤结构类型中，有一种结构叫团粒结构，是指颗粒黏结在一起形成的近似球形、疏松多孔的小团聚体，其直径为0.25～10毫米。

结构不好的黏土类主要由小孔隙所组成，排水、透气性不良。但是如果黏粒与黏粒之间能够互相结合在一起形成一个个团粒（团粒甚至比砂粒还大），结果增加了孔隙度，排水透气性因而得到了改善，而团粒内部仍为小孔隙。正如《土壤学》书中所说的"一个团粒就是一个'小水库'、'小肥料库'"，所以团粒结构是月季生长最好的土壤结构。要注意团粒与团粒之间并不是紧密结合在一起的，具有团粒结构的土壤是疏松和松散的土壤。

土壤之所以能够形成团粒结构，主要是土壤中存在的有机质在起作用。土壤中的有机质，是泛指以各种形态存在于土壤中的各种含碳有机化合物。我国各地耕地土壤层的有机质含量一般在5%以下，华中和华南一带的水田，有机质含量一般在1.5%～3.5%。有机物经过土壤中微生物的作用一部分直接分解成为简单的无机化合物，如NH_3等，从而为作物提供营养；另一部分则会形成一种叫做腐殖质的物质，其在土壤中能存在较长的时间。

腐殖质是有机质经过微生物分解和再合成的一种褐色或暗褐色的大分子胶体物质，它与矿物质土粒紧密结合，不能用机械方法分离。腐殖质是有机质的主要成分，在一般土壤中占有机质总量的85%～90%。就是这种腐殖质能将土壤黏粒颗粒凝结在一起，没有这种有机的"黏着"，团粒结构就不可能存在。腐殖质还有其他作用，其本身疏松多孔、透水透气，又是亲水胶体，能吸收大量的水分，它比黏粒的吸水率大10倍左右；其带有正负两种电荷，以带负电荷为主，能吸附阳离子而具保肥能力；其是一种含有许多功能团的弱酸，能提高土壤对酸碱度变化的缓冲性能。由此可见，有机质在土壤中的作用是十分重要的，也正是我们通常说栽培作物的土壤需要富含有机质的原因。

前面已有述，没有良好团粒结构的黏土类一定要进行改良，可以通过加砂土或壤土的方法进行质地改良，但是不易实现。当今都是普遍采用改善黏土土壤结构的方法，即在黏土中加入富含有机质的材料，促进土壤团粒结构的形成，从而增加其排水透气的功能，而且增加其耕性，相对来说这种改良方法的花费不大而有效。实际上，在砂土中加入富含有机质的材料也是很好的，因为有机质本身及其形成的腐殖质能大大提高砂土的保水、保肥性能。即使是壤土类，加入富含有机质的材料也只有益处。

为了使月季生长良好，在种植前需要施用含有大量有机质的材料来改良土壤的结构或不良特性。常见的材料有泥炭、椰糠、腐熟的有机肥、菇渣（种植食用菌后丢弃的废渣）、稻田秸秆、甘蔗渣、锯末、中药渣等。10～15厘米深的土壤中渗入5厘米厚的有机质材料，能够达到最好的效果，再多的话除了成本增加也没有其他坏处。据广东资料报道，月季根系集中在50厘米深的土层内，所以改良土壤的深度至少宜达到50厘米，再深些更好。因此，这种改良土壤的方法需要使用大量的有机质材料。有机肥因同时含有大量的营养，改良土壤的效果更好，但是有机肥是肥料，作为改良土壤材料成本太高、太浪费，因此一般只是用于穴施作基肥。如果其他的有机质材料也不多，也可采用挖穴的办法把有机质材料与下面根系层土壤混匀。

月季是多年生植物，在国外一般种植6～8年后会进行淘汰重新换种苗。在广州市质量技术监督局发布的《现代月季（玫瑰）切花生产技术规程》（DB440100/T 88—2006）中提到，月季扦插苗种植2～3年后宜更换，嫁接苗种植4～5年后宜更换。所以虽然前期土壤改良的投入大，但能够在较长时间内维持月季的良好生长，切花产量和质量得到了明显的提高，因此具有事半功倍之效果。由于有机质形成的腐殖质最终也会被分解成简单的化合物，所以栽培月季的土壤最好每年都能够补充有机质材料，方法是在株与株的中间挖沟或挖穴施入，也可施在表土然后浅锄翻入土中。

（三）改良土壤的pH值

1.提高pH值的材料

南方土壤偏酸，需要提高其pH值才能够让月季生长良好。通常使用含钙的石灰物质来提高土壤pH值，因为钙能中和酸度。加石灰物质于土壤中有益的方面还有，钙本身是植物所需的营养元素，钙还能有助于团粒结构的形成，因为黏粒表面带负电荷，钙离子带正电荷，异性电荷互相吸引，钙趋向结合黏粒颗粒，成为团聚体。

常见的石灰物质有生石灰、熟石灰和石灰石粉（石灰石磨成的粉末），前二者国内使用较多，国外通常使用后者（使用量见表5-1），使用时都要与土壤均匀混合。熟石灰的用量可如此进行计算：10厘米深的1平方米面积土壤用100克熟石灰可提高pH值1个单位。

由于一些化学肥料如碳酸氢铵、硫酸铵、尿素、磷酸铵等也可作为基肥使用，有些介绍月季栽培的资料中也有提到把这些化肥作为基肥，在这种情况下就必须注意：不应同时将石灰物质和化肥施在土壤上。如果一起施用，氮会变成气体而损失，磷被钙和镁固定，凝固在不溶解的无效化合物中。应该在施肥前一周撒布石灰，或在撒布石灰前一周施肥。

除了种植前对土壤进行提高pH值的操作外，在栽培过程中经常施用一些如硝酸钙、硝酸钠等肥料，能使土壤趋向碱性，这些肥料又称生理碱性肥料，这是因为施用后作物选择吸收了肥料中较多的阴离子而产生了碱的缘故。

2.降低pH值的材料

土壤pH值太高，通常使用元素硫来降低，商品是硫黄粉，使用量见表5-1，施用后的酸性有效期可维持2～3年。

表5-1　改变土壤pH值到5.7所需材料的近似数量

单位：公斤/平方米

初始pH值		砂土	黏壤土
加石灰石粉或等量钙提高 pH值到5.7	5.0	0.6	0.4
	4.5	1.2	2.1
	4.0	2.1	3.0
	3.5	3.0	4.4
加硫黄粉或酸性材料降低 pH值到5.7	7.5	0.6	0.9
	7.0	0.3	0.6
	6.5	0.2	0.2

在土壤中增施有机质材料也有助于降低pH值，因为有机质分解释放有机酸。在栽培中施用酸性和生理酸性肥料，对降低土壤pH值也有一定的作用。其中如过磷酸钙、重过磷酸钙等肥料本身呈酸性；而像硫酸铵、氯化铵等被称为生理酸性肥料，它们的酸性是由于作物选择吸收了肥料中较多的阳离子后而产生的。

三、土壤准备、整地和作畦

杂草如果严重，可事先用除草剂如草甘膦等进行根除，在施用后整地前等待7天。有时也采用一些化学药剂来熏蒸土壤，以杀死杂草、杂草种子、害虫、病菌和线虫。熏蒸很有效，但花费高、耗时长，使用某些有毒药剂还可能发生危险。

用机具来翻耕疏松土壤，以利于水分、空气和根系的进入。土壤太干或太湿均不宜翻耕，如果此时翻耕，容易破坏土壤的团粒结构，而且费时费力。判断土壤是否太湿，可用手抓一把土挤成一个球，如果该球落到地面时仍黏在一起，则说明太湿不宜耕作。土块一般耕成0.5～2厘米大小的土料为适，在翻耕的同时结合清除石块、瓦片、玻璃、树枝等杂物以及除草工作。

月季根系集中在50厘米深的土层内，所以翻耕的深度至少达到50厘米，再深些更好。随后把需要加入的有机质、石灰材料等均匀洒上，也可在翻耕前先撒上这些改土材料。土壤翻耕后若能让强光暴晒几天，可以消除一些病虫害。

作畦的方式依地区、地势、作物种类和栽培的目的不同而异。畦一般呈南北向，高畦（畦面高于通道）多用于南方多雨地区以及地势较低、水位较高或排水不良处，以利于排水；雨水较少的北方和地势高燥地区宜采用低畦（畦面低于地面或通道）。畦的宽度以便于操作为原则，一般为1～1.5米。畦高以有利于排灌为准，一般为20～30厘米（图5-2）。

图5-2
整地作畦

由于月季怕积水，在广州用原来的水稻田和在易积水的地方栽培的月季，都起了更高的畦并在地中挖深排水畦沟，以利于快速排水。如图5-3所示，隔行挖畦沟、隔行作工作通道，畦沟平时留水又可作为灌溉水沟。有的生产者没有留过道，全部是畦沟（图5-4），这种做法不利于田间的操作管理。

施基肥可在作好畦后进行，也可结合翻耕时进行，通常进行穴施，也可沟施。

图5-3
两畦中间为过道，四周为畦沟

图5-4
全部是畦沟

四、种植密度

在我国各个地方，露地切花月季的栽植密度为每平方米1.7～2.7株，每畦种两行至三行，每亩种1190～2020株。

在广东，对切花月季的栽植密度有过两种较大的分歧，一种意见认为需疏植，通过单株多花来取得高产，并认为疏植能获得花枝更长、花朵更大的切花产品；另一种意见认为应通过密植来获得高产。

一般切花月季种植密度与品种、株形集散程度、水土条件、施肥、留花数量、修剪程度以及其他管理水平都有关系，所以具体种植密度应根据当时、当地的各种条件来综合考虑。广东月季专家邝禹洲先生认为，采用50厘米×50厘米×120厘米（每畦种两行，呈等腰三角形种植，株距50厘米、畦宽120厘米、畦沟25厘米，亩植1568株）的种植密度比较适合当前广东大多数条件及管理水平。在原来的水稻田种植需挖深畦沟排水，加大了畦距，从而适当减少了亩植株数；山坡旱地土质浅瘦，可适当提高种植密度。笔者在原为水稻田的地里种植切花月季，密度是每亩1200～1500株。

五、施基肥

（一）施肥原理

所有的物质都是由元素所组成。在植物体内可以找到地壳中存在的几十种元素，但是植物生命活动过程中必不可少的元素即必需元素，只有17种：碳（C）、氢（H）、氧（O）、氮（N）、磷（P）、钾（K）、钙（Ca）、镁（Mg）、硫（S）、铁（Fe）、硼（B）、锰（Mn）、铜（Cu）、锌（Zn）、钼（Mo）、氯（Cl）和镍（Ni）。如果缺少了其中任何一种，植物就不能成功地完成它的生命周期。

植物必需元素根据其在植物体内含量多少，分为大量元素和微量元素2大类。大量元素是指植物需要量较大的元素，在植物体内的含量较高，包括碳、氢、氧、氮、磷、钾、钙、镁和硫9种。剩下的8种为微量元素，是指植物需要量较少的元素，在植物体中的含量较低。

新鲜的植物体75%～95%都是水（H_2O），水是由植物根系从土壤中吸收获得。植物能够吸收空气中的二氧化碳（CO_2）进行光合作用。所以植物体内的碳、氢和氧3种元素来自于水和空气，而且一般不存在缺乏的问题。

除了碳、氢和氧外，植物体内剩下的14种必需元素，也来自土壤，由根系吸收获得。在这14种必需元素中，铁、硼、锰、铜、锌、钼、氯和镍这8种微量元素因为植物需要量少，而一般土壤中也都会含有足够的量能满足植物的需要，所以不必再额外人为补充。对于钙、镁和硫这3种元素来说，钙和镁在通常情况下因施石灰（石灰中含大量的钙和一些镁）而提供给了土壤，而硫也可因使用某些含硫肥料和杀虫剂以及酸雨（空气中二氧化硫污染）而在土壤中积累，所以在一般土壤中的钙、镁和硫的含量也能满足植物的需要，不必再额外补充。最后剩下的氮、磷和钾这3种元素，在土壤中就容易出现不足的问题。

由于植物对氮、磷和钾的需要量比较大，而一般土壤中存在的量又不足以满足植物生长发育的需要，所以在花卉栽培中，氮、磷和钾这3种营养元素最值得我们关注，必须经常给予人为补充。

当土壤不能提供花卉所需要的营养时，就必须施肥。施肥就是向花卉补充营养元素的措施。凡是含有植物所需要的营养元素的物质，都可称为肥料。由于在花卉栽培中氮、磷和钾最容易缺乏，所以又被称为肥料的三要素。在氮、磷和钾中，氮又最可能出现缺乏，这是因为在一般土壤中含氮并不丰富（氮主要存在于有机质中），而且其中的 NO_3^- 不能被土壤黏粒和腐殖质吸附保存。

肥料一般分为三大类：有机肥、化肥和微生物肥，前两类使用普遍。下面主要介绍一下有机肥。

凡是营养元素以有机化合物形式存在的肥料，称为有机肥，也叫农家肥。有机肥种类多、来源广，一般含营养元素全面（基本上各种必需元素都有）、营养元素释放缓慢而持久（有机肥中的营养元素以有机化合物形式存在，根系不能够直接吸收利用，需要经过微生物慢慢分解才能成为根系能够吸收的有效态——简单的离子形式），有机肥中含有很多的有机质还能改良土壤的结构。有机肥的不足之处主要在于含有的氮、磷和钾元素的量较少、释放不稳定（微生物的活动受温度的影响很大），有些还不卫生，含有杂草种子和病虫害等。正是由于有机肥的肥效较慢，所以通常作为基肥使用。基肥是指定植之前施入田间的肥料。必须注意的是，有机肥一定要经过堆沤腐熟才能使用，否则因为其会发酵从而产生高温导致根系的烧伤甚至烧死。

常见的有机肥有厩肥（猪、牛、马等家畜的粪便）、家禽粪（鸡、鸭、鹅等家禽类的粪便）、堆肥、饼肥（油料植物种子榨油后的残渣，有豆饼、花生麸、花生饼、菜子饼等），由于厩肥和家禽粪不卫生，目前市场上出现了一些经过处理加工的商品有机肥。

（二）基肥使用方法

厩肥和家禽粪一般只是用于穴施作基肥。由于磷肥中的过磷酸钙也常作为基肥，把过磷酸钙与有机肥混在一起施效果更好。穴施时，在要定植月季处挖个大穴，把有机肥施入然后再盖回泥土，或者把有机肥与土壤一起混合之后再盖回泥土，在泥土上面再种植幼苗。根据德国公司的资料显示，牛粪或马粪是最适合的。

由于月季长时间甚至一年四季都开花不断，要保证其生长开花良好，需要施比较多的肥料。对于地栽月季施多少有机肥为好，这是一个无法明确的问题，这与有机肥本身种类多、各地方有机肥的种类不同、种植密度不同等也有很大的关系。国内各种有关资料所介绍的施用量都存在相当大的差异，如有的介绍"每亩施农家肥1000千克以上"，有的是"一般每亩施入优质农家肥5000～8000千克"，有的说"每亩施有机肥25立方米"，还有"每棚施充分腐熟的猪粪或牛粪2000千克、过磷酸钙60～70千克"等。实际上，像厩肥所含营养元素并不多而且释放缓慢，不存在像化肥那样施多时会烧伤根系这样的问题，施多比施少一般只有好处没有害处，太多只是造成浪费而已。根据相关经验，穴施有机肥时，每穴可施数千克，具体可根据成本来决定。

由于有机肥最后也会被完全分解掉，所以最好每年都能够再施一次有机肥，方法是在株与株的中间挖沟或挖穴施入，也可施在表土然后浅锄翻入土中（图5-5）。

图5-5
施有机肥后要浅锄埋入土里

六、栽植

在一年中任何时间都可栽种月季，但是在南方最好是在冬、春季栽种，北方则在冬季封冻之前和春季解冻之后为好。

如果购买回来的或自繁挖起的裸根苗，由于种种原因暂时不能种植，则需要把苗进行假植：在阴凉的地方挖"V"字形沟，把苗单行排在沟内，用泥土或砂覆盖根部及茎的下部，轻轻压紧，浇水保湿。在幼苗要栽种到田间时若发现茎或根有干缩现象，可将根及茎下部浸入清水中数小时，以让幼苗吸足水恢复饱满。

在栽种前先对苗进行一次修整，用锋利的枝剪剪去破损的枝条、干枝、病枝、损伤的根、过长根等。在畦上需种植处挖穴，把根舒展在穴内，填泥土。如果是带基质的苗，需小心地把基质完整置于穴内，填回土于空隙处。定植穴应深些，使植株根系能够垂直放置。

对于嫁接苗来说，嫁接芽应该在土表约两指宽处。定植高度很重要，定植过浅的植株容易折断，长势也弱。定植后要及时浇上一次透水，即所谓的"定根水"。

裸根苗栽植后的两个星期内，要特别注意水分的管理，当土壤表面干了就要进行浇水。

七、修剪

修剪是切花月季生产上极为重要的一个环节。合理的修剪具有调整树形、合理地利用空间和阳光、减少病虫害、提高树苗的生活力、保持合理的开花结构、改善切花品质、调节花期等作用。用于修剪的枝剪刀口要十分锋利。

（一）植株的养成修剪

刚栽植的月季小苗不宜让其开花，如果让其开花，需消耗大量的养分，因而会迟滞植株的发育，引起植株早衰，甚至死亡。所以小苗期若见有花蕾，要把小花蕾连同下面第一个具5片小叶的复叶一起剪除，其他叶片尽量保留（图5-6）。小苗栽植到一定的时间，会从基部发生粗壮的新枝条，当这种枝条有花蕾出现时，剪除枝条约1/3长度，留下的部分即为养成的主枝（图5-7）。由主枝上发出的开花枝，有一定长度才开始生产切花，否则应再剪除包括第一个具5片小叶的复叶在内的以上部分，继续培养强壮的主枝。如果植株有3个以上主枝时，则可以说植株已基本成形了。一般栽培月季都会留有4～7个主枝。

图5-6
小植株尽量不留花蕾而留叶片

图5-7
植株基部发出粗壮的新枝
当有花蕾时，剪去约1/3长

上述（包括繁殖部分）以及下面谈到的所有在枝条上进行的修剪（包括剪下切花），都要注意标准切口的问题。剪口都要求斜剪，方向与芽的方向一致，剪口必须正好在节的上方，切口斜面上缘略高于腋芽约0.2厘米，视枝条粗细而定，粗者留长，细者留短；切口的下缘不得低于芽根的位置，以距芽根0.5厘米左右为好（图5-8）。这样切口成45°～60°倾斜，剪口倾斜是为了防止切口积水而成为病原菌繁殖的温床。如果切口离腋芽太远，有增加切口感染枝枯病的可能。本书有些图片中显示出的修剪切口是不标准的，这是因为这些图片是拍自于生产者或爱好者所种植的月季，由此也说明这个基本常识还有待普及、掌握。

图5-8
修剪时的标准切口

（二）产花修剪

从主枝上腋芽萌发生长一直到成为商品花枝时，就需要剪枝采收了。剪花枝时，不能从基部把枝条全部剪下，而是要留下基部的3～5个节，留下的节上面的腋芽会再继续发育成为下一批花枝。要注意的是，因为月季的叶为互生，即每节只生一个复叶，上下交互相，间生于两侧，上下的芽生长方向也是相反的，所以在修剪时还要考虑留芽的方向，一般最上面的节的腋芽方向要朝向植株的外面。如此采花3～5次后，再对枝条进行重剪。

（三）平时修剪

植株产花后，平时的修剪原则是：随时剪除枯枝、病虫枝、下垂枝、交错密生枝（枝条太密，使得叶片与叶片互相重叠，下部叶接受不到阳光）、徒长枝（枝条长得特别粗而长，但不是基部发出的主枝）、细弱枝、过长枝、无叶枝、砧木枝、残花（连同下面第一个具5小叶的复叶一起修剪掉）、侧花蕾（有个别品种花枝顶端会产生若干花蕾，作为单头切花生产，只留下顶端主花蕾，侧花蕾连同花梗一起摘除，越早越好）、侧芽等，留下的枝条作为辅养枝。欲整个枝条剪除的一定要从枝条基部进行剪除，不要留有残桩。对于枝条太短而不具商品价值的花枝，也要及时把花蕾及其以下第一个具5小叶的复叶一起剪除，作为辅养枝（图5-9～图5-18）。

图5-9
剪去枯枝

图5-10
剪去病虫枝

图5-11
剪去过密枝

图5-12
剪去细弱枝

图5-13
及时剪去从植株基部长出的
砧木枝

图5-14
剪去残花
连同第一个具5小叶
的复叶一起剪去

138

图5-15
剪去侧花蕾
生产单头切花时，有的品种
会长出侧花蕾，当其很小时
就要剪去

图5-16
从基部剪去整个枝条

图 5-17
完全剪去残桩

图 5-18
留下的残桩易发生枝枯病

通常每株月季上都会留有4～7个主枝。而在良好的栽培管理条件下，在广东每年主要是在冬、春季，在植株基部会发出新的强壮枝条（图5-19、图5-20），这样的枝条适合培育成为新的主枝，因而使得植株主枝增多。当其从基部产生一个新的主枝时，就可以淘汰植株上的一个老主枝。这个需淘汰的老枝一般是最老的老枝，有时也需要结合各主枝分布是否均匀来确定。需要剪去的老枝一定要从基部剪去。新主枝有花蕾出现时，再剪去枝条上端约1/3长，让其发出侧芽作为开花枝。

图5-19
从植株基部发出的强壮新枝

图5-20
从土里发出的强壮新枝

（四）冬季重剪

在冬季低温导致月季落叶休眠的地区，需要对月季进行重剪，北方又有称低位修剪，方法是保留个别主干，其余主干剪去，保留的主干再于距离地面15厘米左右、保留基部3～4个芽的地方把上面部分全部剪掉。通过重剪可以促进来年春天从基部发出健壮的新枝。新枝数目因品种及其枝条强弱而有不同，通常是1～4个。重剪时间在12月至次年2月，具体在落叶后就可以开始，不宜过早。

在我国台湾地区平地上，月季冬季也不落叶休眠，台湾的资料也曾介绍了在冬季进行的所谓的更新修剪（或重剪）：更新修剪包括截短及剪除老化的主枝两部分。截短除了可以降低植株高度外，主要是借助截短枝条以打破顶端优势，促进基部芽发生，养成新的主枝。修剪时，首先剪除多余老化的主枝，每株留4～5个主枝，然后将留下的主枝截短至90～120厘米，待新的基部芽形成后，按照前述的主枝的养成方法养成即可。但这样的修剪对植株而言要消耗约一半的树体，对于较弱的植株，经常会因此而死亡。所以对于较弱的植株，需要分次进行更新修剪。

在广东珠江三角洲一带，冬季月季也不落叶休眠，但在冬季月季切花是最畅销、价格最高的季节，所以笔者认为，不能依上所述进行所谓的更新修剪，应正常进行产花，依前所述进行植株的养成修剪及平时的修剪即可。如果因夏季的原因，可考虑在中秋前后进行重剪。

八、浇水

月季喜水，很多野生种类都长在水沟边。在生长期经常缺水，易降低植株的开花数量及引起落叶、落蕾，夏季月季落叶引起的原因之一也可能是缺水。若植株水分供应充足，则植株长势旺盛。不受工业污染的江湖河水、池塘水、雨水、泉水、井水、自来水、地下水等都可用来作为月季的水源，但以前三类水更为理想。

在生长期，浇水时间可根据土壤的干湿情况来掌握，一般当土壤表面至表土层数厘米处干时都可以进行浇水。如果植株一次缺水较长时间，会出现嫩叶、嫩枝下垂，这种现象叫做萎蔫，这是植株水分明显不足的表现，需要及时进行浇水，但在生产上完全不能够等到植株出现萎蔫才进行浇水。在夏、秋季高温、干旱、干燥时，每天都需要浇水一次。每浇一次水就要浇透，即让整个根系层都能湿透。在冬季，因为温度低、生长慢，土壤也干得慢，可以数天至一周才浇一次水。如果在冬季月季落叶休眠地区，植株停止生长，可等表土颜色发白时再进行浇水。浇水时水温要求与土温接近，所以在冬季宜在中午前后进行浇水。

在春、夏、秋季一天当中，特别在夏天不宜中午进行浇水，宜在上午或下午进行浇水。如果用水管进行浇水，可以从叶片往下淋，以顺便洗去叶上的灰尘，增加环境中的湿度，在夏季还有降低植株周围温度的作用。但用叶面淋浇的方法，如在傍晚进行，则叶上易长时间留有水滴，长时间留有水滴容易导致病菌侵染叶片，从而增加了病害的发生率。所以叶面淋浇的办法宜在上午进行或下午早点进行，以让叶上的水滴很快就蒸发掉。

当今生产者已经广泛使用滴灌的方法给月季切花提供水分，滴灌具有节约用水、减少一些病害发生（因为其不沾湿地上部分和不提高空气湿度）、保持土壤结构、节省劳动力成本等优点（图5-21）。

图5-21
露地切花栽培地里的滴灌带

九、追肥

在土壤中，一般氮、磷和钾元素的含量是不能够满足作物良好生长、开花需求的。由于切花月季长时间甚至一年四季都开花不断，而且切花枝需要带走大量的枝叶，所以在生长期更需要注意要不断有充足的氮、磷和钾营养，以保证其能一直进行良好的生长、开花。如前面施基肥部分所述，虽然我们施了足够多的有机肥，但是由于一般有机肥中的氮、磷和钾所含的量也是不多的，而且需要通过微生物的分解才不断变成为有效态，所以在月季生长过程中还要再人为不断地补充氮、磷和钾营养，也就是追施氮、磷和钾肥。所谓的追肥，就是补充基肥的不足，在作物生长发育过程中施用的肥料。追肥多使用化肥，但饼肥也可用水浸泡腐熟后，再兑水作为追肥。

凡是所含的营养元素以无机化合物的状态存在的肥料，都称为化学肥料或无机肥料，简称化肥。化肥都是用化学工业合成或机械加工的方法制得的，包括氮肥、磷肥、钾肥、复合肥、微量元素肥料、石灰等。

复合肥是指在氮、磷和钾三要素中，含有2种或3种元素的化学肥料，含有2种的称为二元复合肥（如磷酸铵、硝酸钾、磷酸二氢钾等），含全部3种的称为三元复合肥或氮磷钾复合肥。一般人们所称的复合肥，是指三元复合肥。由于栽培作物一般要施的肥料是氮、磷和钾，所以为了使用方便，人们制造出了三元复合肥商品。

复合肥的有效成分是用 $N-P_2O_5-K_2O$ 的相应质量百分含量来表示的。如某种 20-10-10 的复合肥，表示其含有氮（N）为20%，磷

（P_2O_5）10%，钾（K_2O）10%。即如果这种复合肥的重量为1000克，那么其中含有的氮、磷和钾则分别有200克、100克和100克，其余的600克则都是非营养成分。在复合肥中，各种营养元素含量百分数的总和称为复合肥的养分总量。养分总量大于30%的复合肥称为高浓度复合肥。当今农业生产中，人们使用最常见的复合肥是N-P_2O_5-K_2O=15-15-15的复合肥（图5-22），因为其氮、磷和钾的含量一样，又被称为平衡肥、通用（复合）肥。

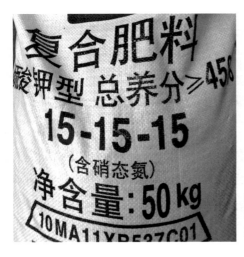

图5-22
N-P_2O_5-K_2O=15-15-15的
复合肥

比例是表示复合肥的另一个术语。例如，20-10-10的复合肥含有2份的N、1份的P_2O_5和1份的K_2O，它的比例即N ： P_2O_5 ： K_2O是2 ： 1 ： 1。再如20-5-10的复合肥，它的比例是4 ： 1 ： 2。在许多资料中常常提出或建议使用某种比例的复合肥，而不是使用某种含量或等级的复合肥。例如，如果介绍使用的是2 ： 1 ： 1比例的复合肥，我们就可以选择20-10-10、10-5-5、14-7-7、18-9-9等复合肥中的任何一种，使用的效果是一样的，只不过用量不同而已。目前有些复合肥中所含的营养元素已不仅只限于氮磷钾，还含有其他一些元素，如镁、微量元素等（图5-23）。

1. 20-20-20+TE 平衡通用型
2. 30-10-10+TE 营养生长型
3. 10-30-20+TE 开花型

图5-23
某品牌的系列复合肥配方
TE指微量元素

4. 9-45-15+TE 促根促花型
5. 15-15-30+TE 高钾型
6. 12-2-14+6Ca+3Mg+TE 钙镁型

在对切花月季使用商品复合肥进行追肥时，要注意氮、磷和钾的比例宜选择为1：1：2或1：1：3，这是由于月季在生长期不断开花，对磷和钾的需要量较大，如果偏施氮肥，会导致月季营养生长太旺盛，因而开花较少，同时降低植株对病虫害的抵抗力。也可以自行配制复合肥：分别称取尿素1千克、过磷酸钙2千克和硫酸钾2千克，混合均匀后即可（用N：P_2O_5：K_2O=1：1：1的平衡肥来进行追肥是不够合适的）。

追肥宜在土壤既不很干又不很湿时进行，每株施20～30克（小株用量少些，大株用量多些）复合肥，将肥料均匀地撒在离茎基20～25厘米以外的植株周围，然后浅锄表土让肥料进入土中。如果植株密度太大，也可采用条施的办法，即把肥料撒在植株的行间再浅锄入土。在温度高的季节可每隔20～30天追一次肥，在冬季每隔

30～40天追一次（在月季落叶休眠的地区不施）。

易溶于水的复合肥也可以溶于水后再浇在根部，液施时肥效更快但肥料也更易流失，因此有缩短施肥间隔的时间也就是增加施肥次数的必要。液施时肥料浓度以0.4%～0.5%为宜。

当雨水多或土壤过湿或要求速见施肥效果时，也可采用叶面施肥的方法，营养元素通过叶面吸收进入植物体内，这就是所谓的"根外追肥"。一般土壤追肥要3～5天才能见效，而根外追肥在喷后12～20小时即可见效。根外追肥的浓度要更低，以免烧伤叶片。常用的配方可使用尿素1克、磷酸二氢钾1克、加水1升，构成包含氮、磷和钾的完全肥料，浓度为0.2%。如果植株只缺氮元素，使用尿素一种肥料即可。喷施时叶的正反两面都要喷到，高温的晴天不宜喷，下雨或叶片还湿时也不要喷（以免造成浪费）。

十、松土除草

由于雨水及灌溉的淋洗，表土极易引起板结，从而影响到水肥的渗入及根系的透气，所以要注意经常进行松土。松土时不要太深，一般中、大型植株松至10厘米深就够了，小株有2～3厘米深即可，锄松时不要把土全部敲细。

杂草与植株争夺水分和养分，杂草还是病虫的滋生或栖息地，所以必须经常进行除草工作（图5-24）。松土与除草工作常结合在一起进行，当土壤既不太干又不太湿时进行。

图 5-24
除草

十一、地面覆盖

　　地面覆盖是指采用各色地膜（即地面覆盖薄膜）、落叶、树皮、稻草、菇渣、花生壳、泥炭、松针等材料覆盖在畦上的一项技术。其优点主要有：减少雨水对土壤的直接冲刷和防止土壤板结，保水保肥，减少某些病虫害特别是黑斑病的发生，减少杂草，降低地温，减少土温的波动等。地膜往往在种植前就先进行覆盖。但地面覆盖也存在一些缺点，如使用覆盖物要增加投入，有的覆盖物会造成适于某些病虫害及鼠类潜伏的环境，覆盖材料太厚会妨碍土壤的蒸发和空气流通等。

十二、花期调控

（一）花期调控原理

切花在节日期间的价格比平时要高。作为爱情的象征，月季切花在情人节时的价格，可以比平时高出数倍甚至数十倍。所以把月季控制到刚好在节日期间开花上市，是众多生产者所追求的目标。

月季在广东珠江三角洲一带周年都能够进行花芽分化和开花，虽然其花芽分化和开花受到品种、腋芽的部位及大小、光照、水分、营养、空气等诸多因素的影响，但对某一具体品种在正常的栽培管理条件下，温度是最主要的影响因素。目前国内外都是利用更新修剪（有的品种通过重剪后在基部很容易发出多个粗壮的新枝条）、一般修剪、剪稍（剪去花蕾以下至第一个具5小叶复叶的嫩枝）等办法来控制月季的开花期。

月季枝条上的顶芽若是在生长，位于顶芽之下叶腋处的腋芽（或叫侧芽）一般就不会萌发生长而呈休眠状态。当顶芽被剪除后，靠近枝条顶端的腋芽才能够萌发生长，有些品种再生能力强，有2～4个腋芽能萌发成枝，有的品种只能萌发1个腋芽；腋芽萌发数量也与枝条的年龄、营养状况等有关（图5-25～图5-27）。这些腋芽对于能连续开花的月季品种来说一般都能成枝开花，只有少数水肥供应不足者，枝条顶端不能开花，称为盲枝。腋芽（图5-28）从开始萌发生长，然后长出枝叶，接着花芽分化和花蕾长大，再到开花（在切花生产中到花枝可以采收的时间），这段时间所累积的温度也就是积温（具体值是把每天的平均温度累加起来之和），基本上是一个固定值。在生产上我们就是利用积温，来推算确定切花月季具体的剪枝时间，从而达到控制开花期的目的。

图5-25
修剪后只有1个腋芽萌发成枝

图5-26
修剪后有2个腋芽萌发成枝

图 5-27
'大丰收'品种修剪后
能萌发4个腋芽

图 5-28
修剪后的腋芽
从萌发一直到开花，需要累
积一定的温度

（二）修剪时间的确定

对于某个月季品种的修剪时间，具体的做法，首先是要先测定其腋芽从修剪后一直到开花这段时间的积温具体值，最好经过多次测定使用平均积温值。有了积温值后，就可以根据最近3年来相关月份的平均温度（这些资料可从网上搜查到，或从当地气象部门得到）来计算确定其具体的修剪时间了。例如，根据笔者团队的测定，'林肯'月季的腋芽从修剪后一直到开花这段时间的积温为1054.5℃，现在计划某地生产一批'林肯'切花供应2023年情人节，其确定具体的修剪时间是这样的：假设当地2019—2021年12月的平均温度为15℃，2020—2022年1月的平均温度为14.5℃，2月的平均温度16.5℃，那么要让'林肯'品种在2023年2月14日情人节时开花，剪枝的时间推算为[1054.5℃–（16.5℃×14天+14.5℃×31天）]÷15℃=24.9天≈25天，31天–25天=6天，这就是说，我们可确定在2022年12月7日来进行修剪枝条，此后腋芽萌发生长，可望在2023年2月14日刚好情人节时开花，历时69天。

由于枝条的大小和部位不同，各腋芽的大小和质量也存在不同，因而到达开花所需的积温也存在一定的差异，从时间上来讲一般有2～4天的差异，一般同一枝条上部腋芽比下部腋芽要更小，养分积累更少，要更快到达开花阶段，但是一般同一枝条上，下部腋芽产生的开花枝条比上部腋芽要更长更粗，这一点对修剪时相当重要，也就是说要让花枝更粗长即产品等级提高，需要尽量往枝条的下部进行修剪，当然这也意味着要去掉更多的叶，对植株的不利影响也就更大，所以在实际修剪时还要根据腋芽的部位来加以调整。因此在控制花期时也可以这么做，先测定掌握不同部位的腋芽到达开花所需的积温，再来推算确定每一枝上的修剪部位及修剪时间（图5-29～图5-31）。

图5-29
计算好时间后进行修剪

图5-30
下部腋芽产生的开花枝条
比上部腋芽要粗长

图5-31
适当低剪
可以让以后花枝更长

　　在实际生产中，我们是不是可以完全按照上述的办法精确控制到月季刚好在某一天开花呢？答案是否定的。这又是为什么呢？因为我们只是根据最近3年来的平均气温来进行推算确定具体的剪枝时间，在我们露地和大棚的栽培条件下，环境的具体温度无法控制，而在自然界每日、每月、每年的具体温度并不是完全相同的，特别是当今气候变化异常现象频发，并不能保证最近3年来的平均温度与未来实际的平均温度完全吻合，因而完全存在着这样的可能：如果实际温度比最近3年来的平均温度偏高时，实际开花的时间就会比预期的要早，反之就会推迟。也就是说，按照上述推算的修剪时间进行剪枝，实际上到达开花的时间比预期开花的时间前后仍然可能有数天甚至10天左右的误差。因此根据最近2年或4年甚至更多年来的平均气温来进行推算也都是可以的。

有人会问，当今天气预报不都是有未来的气温情况吗？利用未来的预测温度来推算的修剪时间不是更准确？答案确实如此，但是由于冬季气温低，月季生长慢，像上述推算的'林肯'品种需历时69天才能开花，所以更加准确地来推算确定'林肯'品种具体的剪枝时间，是大概在情人节前80天左右，可以把查到的未来达45天的气温进行统计，之后的温度使用近3年的平均温度。当然即使如此，因为未来的气温只是预测而不是实际的，所以到达开花的时间比预期开花的时间前后仍然可能会存在一定的误差。

如果有切花冷藏库，在实际生产中进行花期控制时，比预期开花期提早些开花比推迟开花显得主动有利，所以实际具体修剪日期宁愿比推算出的修剪日期早些。目前还有生产者为了保险起见，采用这个方法：一批植株在推算出的修剪时间前10天左右进行修剪，一批按照推算出的修剪时间进行修剪，一批则在推算出的修剪时间后10天左右再进行修剪，如此就能够充分保证其中有一批能够在情人节开花。

明白了上述这些道理，也就会明白，如对一株月季上面有生产合格切花能力的粗壮枝条同时进行修剪，就基本能够使这株月季同时开满花；对全部植株同时进行修剪，基本能够使一批花同时产出，下一批花也同样如此。而如果对一株月季上的枝条分批进行修剪，就能够使这株月季不断有花；对全部植株分批进行修剪，能够持续一段时间有花收。

十三、夏季产花技术

由于月季喜欢凉爽的气候，而在我国大部分地区夏季温度都会超过30℃，因而月季切花质量都会受到影响。

广东属于南亚热带气候条件，月季周年都能生长和开花。但由于夏季温度高而且时间长（如广州在6～9月，每月平均温度达27～28.3℃），如前所述月季腋芽从萌发到开花主要受积温的影响，所以夏季从修剪到开花所需要的时间就明显变短（30～40天即可开花），因而切花的产量也变高。但是也正是因为生长时间短，而且高温下植株呼吸作用大大增加导致有机物消耗大大增加，使得切花花枝短、花朵小，而且夏季强光、高温对花形、花色均有不利，最终使得切花的商品价值大大降低甚至没有商品价值。另外，夏季的台风暴雨导致的高温高湿，使得月季病虫危害猖獗，土壤营养流失也多，如果管理不善加上大量切花，植株就可能相继落叶，形成所谓的"夏休眠"。

在广东对月季夏季产花问题，也有过两种不同的意见：一种意见认为夏季切花质量差，成品率低，而且夏季切花价格低，因此不如及早除蕾让植株进行保养，为秋冬产花养精蓄锐；另一种意见认为夏季产花量大，虽然价格低，也应该进行产花。笔者认为，这应该根据不同的地区不同的情况来进行考虑。在有良好的栽培管理技术的基础上，能生产出较高的质量的切花，则可以在夏季有计划留一部分枝条作为切花，剩下的枝条则及时摘除花蕾，以减少营养的消耗。若是利用大棚栽培，则在夏季可用50%的遮阳网进行覆盖，以降低光照强度和温度，对提高切花的质量有一定的效果。如果是夏季根本无法生产出具有商品价值的切花产品，则不应进行产花，及时除蕾以养树为目的（在北方地区，有人在夏季对切花月季采用拱形栽培法，具体见第六章设施栽培部分）。目前夏季及其前后一段时间，云南生产的切花月季基本占领了广东市场，其质量比广东的要好得多。

如果在夏季长时间因未进行采花而导致枝条疏于管理，或受到台风、暴雨、浸水等的影响，或者病虫害发生严重，致使植株落叶严重，这时可考虑在秋季进行重剪（图5-32）。重剪在中秋节前后进行较为保险，若太早修剪容易因高温导致植株死亡。重剪的方法是全面修剪枯枝、病枝、细小枝和老枝，只留下3～6个粗壮枝，并且把粗壮枝剪去上部只留下45～60厘米（图5-33、图5-34）。修剪时要注意枝剪的消毒，以防止枝枯病的传染，修剪后要加强水肥的管理及病虫害的防治。还要注意的是，经重剪后生长势恢复不易的品种，不宜采用这种重剪方法。

图5-32
夏季田间疏于管理

图5-33
对植株进行重剪

图5-34
重剪后侧芽萌发出的新枝

　　也有资料介绍北方的月季,一般在立秋前后进行中度修剪,具体操作要点是:在7～8月份高温时期不修剪,只摘除花蕾,保留叶片,立秋以后将枝条上部剪掉,只留2～3个叶,促使萌发新枝,到9月下旬就可以进入盛花期。

十四、切花采后保鲜及包装运输

为保护切花花朵在开花、采收、存放、处理、包装、运输等环节不容易受到损伤，一般生产者都会在花蕾长成足够大的时候，就套上一个用塑料、尼龙等做成的网套（图5-35、图5-36）。

（一）采收适期

适时采收是月季切花生产中很重要的环节。采收过早，花蕾未

图5-35
花蕾套上网套

160

图5-36
田间大量花蕾套上网套

充分发育，将来开花的效果不好，或者不能开花、花头易下垂，在夏天有的不成熟花枝切下半个小时不到就会出现花蕾垂头；若采收太迟，则会降低货架或瓶插的寿命，有的在包装、处理、运输途中易损伤花瓣。月季切花适宜的采收时间，与品种、季节等有密切关系。一般粉红花品种以萼片反卷、有一个花瓣展开时采收为宜，黄花品种可比红花品种略早些采收，而白花品种则略晚于红花品种；夏天高温可早些采收，花萼反卷时的蕾期即可采收，冬季因低温宜晚些，红花品种可在花瓣有1～2片展开时进行采收。

一天当中采收的时间可于上午或下午进行。上午特别是早晨时采收，植株含有充足的水分，花枝更不容易失水；下午特别是在傍晚时采收，植株含有最多的碳水化合物，花枝更能维持瓶插寿命。

（二）采后处理、保鲜、包装及运输

切花剪下后应及时插在清水里或保鲜液中，然后再放在低温的环境下如冷藏库更好，以降低田间热，减少糖分的呼吸消耗而延长切花的内在品质。接着尽可能在低温的环境下进行分级、整理（去除叶、刺等）和包装。分级时首先要选出有缺陷的花枝，一般正常花枝的花茎、叶全部干净健康，没有任何损伤和病虫害，枝条硬直，花头直立。分级后去除基部15厘米部分处的叶和刺，对齐花头按20枝一束绑好，再剪齐基部，按着用0.04～0.06毫米厚的聚乙烯薄膜或蜡纸包扎好，放在清水或保鲜液中。在分级、整理和包装过程中要小心操作，因为花头很容易被碰断。

如果切花需要贮藏，一般较常用的贮藏法，是以少于5天为期，将分级后的切花插于保鲜液中，在0～1.6℃的温度下冷藏。如果贮藏时间要长些，则采用干藏，即不使用保鲜液或清水。月季切花不论是干藏还是湿藏，时间不宜太长，否则会影响花枝的品质和寿命。分级后或贮藏后切花如果是短程运销，最好以插于保鲜液中的方式直接运送。如果是空运或长程运输时则把用蜡纸或薄膜包好的花束装入纸箱，各层花束反向置放于箱内，花朵朝外，离箱边5厘米，纸箱两侧需打孔，孔口距离箱口8厘米，最后进行封箱。

如果运输前的处理过程正确（包括使用保鲜液），则到达目的地后不需再重剪花枝基部，否则在贩卖前应重剪基部（剪去约2厘米），然后置于保鲜液中4～6小时，以便让花枝恢复正常，且延长寿命。销售时也宜插于水中，插于保鲜液中更好。

上述提到的月季切花保鲜液有多种，以下列出几种：

（1）4%蔗糖+50毫克/升8-羟基喹啉硫酸盐+100毫克/升异抗坏血酸

（2）5%蔗糖+200毫克/升8-羟基喹啉硫酸盐+50毫克/升硝酸银

（3）3%蔗糖+50毫克/升硝酸银+300毫克/升硫酸锌+250毫克/升8-羟基喹啉柠檬酸盐+100毫克/升6-苄氨基嘌呤

以上介绍的是月季切花采后处理过程中的理论和实践经验。实际上，中华人民共和国农业部在1997年就发布了《中华人民共和国农业行业标准：月季切花》，规定了月季切花产品质量分级、检验规则、包装、标志、运输和贮藏技术要求。在其中的产品分级中，把切花分为一级、二级、三级和四级这四个级别，在花茎长度和重量这两个重要的指标上，一级要求长度65厘米以上，重量40克以上；二级为长度55厘米以上，重量30克以上；三级为长度50厘米以上，重量25克以上；四级为长度40厘米以上，重量20克以上。至于其他内容在此不再进行摘录，有需要者可自行查阅。

由于种种原因，目前许多生产者实际上都没有完全执行这个标准（图5-37）。图5-38 ～图5-43介绍的是流程较规范的某生产企业的个别流程。

图5-37
切花进行简单包装
就拉到市场批发

图5-38
去叶除刺

图5-39
包装

图5-40
包好的花枝

图 5-41
基部剪齐

图 5-42
暂时保鲜

图 5-43
产品装箱

十五、园林和庭院栽培主要技术

可以说蔷薇属所有的种类品种，都能够应用于各种园林绿化和庭院种植，当然园林绿化和庭院种植主要还是应用观赏价值更高的现代月季，包括杂种茶香月季、壮花月季、丰花月季、藤蔓月季和微型月季中的品种。

园林绿化和庭院种植月季，基本也属于露地栽培，一定要种植在每天都能够充分受到阳光照射的地方才能够生长、开花良好（图5-44）。在园林绿化和庭院种植的月季品种如果也是可以作为切花的种类，那么上面介绍的露地切花月季的主要栽培技术基本上是可以通用的，主要是在修剪上略有不同。因为切花采收需要剪走长长的枝条，而园林和庭院种植的则在花朵凋谢后需剪去残花枝，剪去的枝条无需像切花的那么长，最短从花或花序下第三个具5小叶的复

图5-44
月季种植在光照不足之处
枝条更细长，容易倒伏

叶开始剪掉就可以了。另外，园林绿地植物的养护管理程度，实际上完全没有必要像商业切花生产那样精细，所以需要结合实际能够投入的养护管理经费，来确定对月季进行相关必要的养护管理措施。至于其他类月季品种，也基本上可参照如此，只是对于藤蔓月季，对多次开花后的无花枝条要从基部剪去。

实际上，原国家林业局也于2016年和2018年相继发布了中华人民共和国林业行业标准《绿地月季栽培养护技术规程》（LY/T 2773—2016）和《藤本月季栽培技术规程》（LY/T 2951—2018），石家庄市于2019年发布了地方标准《月季栽培养护技术规程》（DB1301/T 311—2019），有兴趣者也可以去查阅学习。

第六章

月季设施栽培主要技术

在前面我们已经介绍了月季的生态习性和对各种环境因子的要求，以及露地栽培的主要技术。露地栽培月季存在着不少问题，当今商品月季主要利用各种设施进行栽培，主要是各类温室和塑料大棚。温室的创造发明，可以说是源于人们在寒冷的季节对作物的保温乃至加温。在一个可直接透光的密闭空间里，温度要比外部的高，因热积累于内部，而又无法排出到外部，此种现象也就是所谓的温室效应。到了晚上，外界温度下降很大时，室内也能保持较高的温度。所以目前在世界上，温室的应用更普及于冬季寒冷的温带国家或地区。

当今的设施栽培具有许多优点，如可以避免暴雨、狂风、冰雹、霜冻等自然灾害，以减少月季遭受这些自然灾害导致的损失；调节温度、光照、空气湿度、空气中二氧化碳浓度等至符合月季生理和生态需要的最佳状况，控制病虫的危害，减少土壤受雨水的冲刷或进行无土栽培，从而达到对月季进行产期调节或提高其产品品质的目的；在设施内利用自动或半自动的机械进行操作，以减少劳动力支出，并减少人为的疏忽损失，达到月季产品品质整齐一致的要求等。因此，设施是生产高品质月季切花和盆花的必备条件，当今世界各国有竞争力的优质月季切花，绝大部分是设施栽培的产物。

一、温室

当前世界上经济和科学技术发达的国家，尤其是北欧、北美等高纬度国家，如英国、法国、德国、荷兰、丹麦、挪威、比利时、芬兰、冰岛、加拿大、美国以及亚洲的日本等，由于当地冬长夏短，温度和光照不足等原因，温室园艺受到高度重视和普及，如今的现代化温室的各种技术水准已经极高，主要表现在：大都采用铝合金结构，大型化和规模化，环境因子控制设备的使用及其自动化控制，生产过程的机械化与自动化，栽培管理技术科学化。

以最主要的环境条件的自动化控制为例，温室内的温度、光照、湿度、通风换气、CO_2浓度等以及灌溉和施肥均已实现了电脑自动化控制。例如在荷兰，利用各种感测器来测量温室内的温度、光照强度、湿度、CO_2浓度、热水管温度（温室内用热水管散发的热来进行加温）等，以及外界的温度、风向、风速、光照强度、下雨量、下雨信号等参数因子，所有资料传给电脑处理，经电脑软件分析判断之后，发出控制信号以指挥各种控制设备的运作，如不同角度天窗的开启（其温室通常没有侧窗）、热水管的导通、人工灯源的开启、CO_2的释放等。至于温室内的灌溉设备则有悬臂自走式、固定喷头式、机动式水管设备（可遥控、自动卷收）、淹灌系统、滴灌系统等多种，都可由电脑主控机组依所设定的方式或花卉生长的特性需要进行灌溉。若要施肥则把肥料加入水中，做到自动灌溉与施肥。

有国外月季温室栽培的资料显示，其环境因子的控制水平为：日温21～29℃，夜温10～18℃，光照强度25000～50000勒克斯，空气相对湿度50%～60%，二氧化碳浓度1500毫克/升。因此在西方发达国家利用自动化系统来生产月季，不仅产品品质好、产量高，还可以自如地控制其开花时间。

就国内来说，实际上早在20世纪80年代末，广东的深圳就曾经花费近百万美元从荷兰引进约$1×10^4$米^{2}的现代化温室，用于生产切花月季，产品供应港澳市场。但是由于荷兰的温室并不适合广东的气候条件、生产成本太高、生产出的产品质量差等，最后完全无法获得经济效益。北方地区由于冬天寒冷而且时间长，温室更有利用价值且较为普遍。过去北方也从荷兰、日本、美国、罗马尼亚、保加利亚等地引进温室用于月季等的生产，同样由于种种原因，也是经济效益差，无法盈利。如今国内利用现代化温室对月季进行商品化栽培的情况很少见，在此也就不再作进一步的介绍。

目前在国内外，温室的种类很多。不同类型的温室，使用性能是不同的，即使同一种温室，也因地区和使用目的不同而异。因此，选择使用温室，必须根据具体的地区、地理位置、栽培目的以及所栽培花卉的生态要求来综合考虑决定。使用塑料薄膜作为采光材料的温室，称为塑料（薄膜）温室，当今在我国各地园艺作物生产中应用广泛。

当今在北方地区，月季主要是使用日光温室进行商品化生产的。日光温室是20世纪80年代在我国华北、东北和西北地区迅猛发展起来的一种塑料日光温室，目前不仅成为我国北方地区主要的设施栽培形式，而且也已成为我国园艺领域应用面积最大的温室设施栽培方式。主要原因在于它是传统农业与现代农业技术相结合的典型，投资少、效益高，适合我国当前农村的技术及经济条件；在采光性、保暖性、低耗能和实用性方面，也有明显的优异之处。

北方地区切花月季由于主要使用日光温室进行生产，因此不少地方也都制订出了当地有关切花月季栽培的地方标准，如新疆的《鲜切花栽培技术规程·月季》（DB65/T 2174—2004）、河北的《切花月季生产技术规程》（DB13/T 939—2008）、宁夏的《日光温室切花月季生产技术规程》（DB64/T 569—2009）、辽宁的《切花玫瑰（月季）生产技术规程》（DB 21/T 1838—2010）、安徽的《切花月季设施栽培技术规程》（DB34/T 1676—2012）、山西的《切花月季设施生产技术规程》（DB14T）等。而原国家林业局也于2010年发布了《中华人民共和国林业行业标准：切花月季生产技术规程》（LY/T 1912—2010），其中包括了现代化温室切花生产（一般进行无土栽培，以采用循环式营养液供给系统为主的基质栽培技术）、日光温室和塑料大棚切花生产（又分为基质栽培和土壤栽培两种模式）两部分。无土栽培的核心是无土基质＋营养液，在LY/T 1912—2010标准中对无土基质和营养液配方、营养液滴灌方法等都有介绍，在此不进行摘录说明。

在上述各地出台的温室生产技术规程中所介绍的各种土壤栽培技术方法，总体上可以说是大同小异。与前面所介绍的月季露地栽培没有本质上的区别，不同之处主要有下面四点：

（1）温室内可以对一些环境因子进行适当调控　如保温、降温、增湿等。例如冬天早晚盖草帘提高保温能力。由于加温成本太高，温室内一般都不安装加温系统或设备。夏天温度过高若要进行降温，应安装使用遮阳网。

（2）温室种植的密度显著增大　达到每平方米6～8株苗。

（3）温室种植采用了由国外传进来的拱形栽培法（Arching Culture）　又称为压枝、折枝、弯枝，其主要特点就是在切花月季的栽培生产中，把枝条进行弯折来代替把枝条剪除。例如在第五章月季露地栽培主要技术中介绍的平时修剪，要把细弱枝、下垂枝、交错密生枝等随时剪去，而拱形栽培则是尽量把这些位于基部的带有叶子的枝条保留下来，把它们朝过道方向进行弯折，角度大于90°，弯折时可折伤但不折断，或用细绳顺势把枝条绑在植株基部，用于辅养产花枝。还有人进行捻枝，即将枝条扭曲下弯。对于容易折断的品种，应在下午植株体内水分较少时操作。当被弯的枝条上部长出侧芽时，给予抹除，有花蕾出现也应当摘除。以弯折枝条来代替剪枝，因为尽可能保留住了更多的叶片，就能够通过光合作用制造出更多的养分来满足植株的需求，从而能够提高切花产品的质量和产量。进行压枝栽培时畦需要起高畦，在LY/T 1912—2010标准中建议的是：畦高40～60厘米，顶宽80厘米，沟宽70～80厘米，南北走向，每畦种植2行植株。当今很多生产者进行压枝栽培时，已经变成了：把所有的非产花枝都进行了压枝。

（4）温室需要洗盐　由于温室里土壤无法得到大自然雨水的淋洗、平时化肥使用多等原因，时间长了土壤容易出现盐害，就是土壤溶液中会累积大量的可溶性盐类而使得水势降低，土壤pH值变高，导致月季根系无法正常吸收水肥，植株生长发育不良，严重时导致枯死。当通过检测发现土壤出现盐害时，解决的办法是用大水冲洗土壤，根据专业文献报道，每平方米要冲400升的水。昆明杨月季园艺有限责任公司的做法则是：每年至少进行一次土壤淋洗，于1～3月早春进行，淋洗每次每亩用水不少于30米^3。

二、塑料大棚

塑料大棚目前主要的结构形式是用圆拱形镀锌钢管作骨架，外面覆盖上塑料薄膜。如果把四周都用薄膜封闭起来，跟温室的作用一样，能使棚内的温度高于棚外的温度。这是由于薄膜具有不透气性，使热气散发小，当白天太阳光能不断透过薄膜进入棚内引起内部热的积累，使棚内温度高于棚外温度；而在更低温的晚上，棚内温度也能保持比棚外的高（一般可高2～3℃）。所以从这种保温的功能来说，塑料大棚也可归于温室类，只不过温室的保温效果通常比塑料大棚的更好。塑料大棚一般用（0.1±0.02）毫米厚的塑料薄膜覆盖，每1000米²大棚需薄膜180～200千克。由于塑料工业的发展，塑料大棚已在国内外广泛被采用，并取得了良好的效益。

根据前面所述，广东珠江三角洲一带可以露地栽培切花月季（其实盆栽月季也同样可以）。但是根据我们的实践，利用塑料大棚来栽培切花月季更好，虽然前期投入大，但从长期的产出来看，经济效益还是很明显的，目前很多生产者也是这样做的（图6-1）。原因有很多，如大棚防雨能够大大减少黑斑病以及其他一些病虫害的发生，从而大大减少了使用农药而产生的各项支出；在冬季塑料大棚密封起来，提高了棚内的温度，缩短了生长时间，从而提高了切花的产量，而冬季正是月季切花价格最高的季节；珠三角一带冬季会有寒潮袭击，温度降至5℃以下，植株会出现各种寒害问题，如嫩枝和叶片会出现伤斑，叶色变为深红或暗黄，嫩枝叶萎蔫、干枯、脱落，花枝变形，花瓣变色、枯萎、脱落，花朵不开，雨水多时花

图6-1
塑料大棚栽培切花月季

朵腐烂发霉等（图6-2～图6-5），大棚能够增温保温，从而可以大大减少上述这些现象的出现，从而提高切花的质量和商品率；大棚可防止暴雨的溅打和减少灰尘，秋冬干燥时节在棚内因为有更高的空气湿度而有利于月季的生长，这些都提高了切花产品的质量和售价；在夏季大棚上再覆遮阳网，可以减少光照强度和降温，从而可提高夏季切花商品率等（图6-6）。

图6-2
低温使嫩枝叶萎蔫

图6-3
低温使花瓣变黑

图6-4
低温使花蕾不开

图6-5
低温使花瓣变色、
花朵腐烂发霉

图6-6
大棚内装一层活动的遮阳网
用于夏季遮阳

塑料大棚在使用时，通常在冬季和早春低温时才把大棚全部密封，把薄膜四周用土压紧，以防止外界空气流入而达不到保温效果（图6-7）。其他时间主要以防雨为主，要求把大棚四周的薄膜卷起或撤去，特别是在夏季，以防止棚内通风透气不良和温度太高（图6-8）。为了节省劳动力成本、保持土壤结构等原因，当今生产者已经广泛使用滴灌或喷灌的方法给月季切花提供水分（图6-9～图6-11）。

图6-7
冬季把大棚四周密封起来

图6-8
平时把四周的薄膜撤去

图 6-9
使用的滴灌带

图 6-10
喷灌

图 6-11
灌溉水池

广东珠三角一带利用塑料大棚来栽培月季，其主要技术完全可以采用前面介绍的露地栽培技术。而广州市也早在2006年就已经发布有地方标准《现代月季（玫瑰）切花生产技术规程》（DB440100/T 88—2006），由于其主要内容与前面介绍的露地栽培没有什么本质上的不同，在此也不进行进一步的介绍。至于目前在北方设施栽培中普遍使用的压枝技术，在广东由于雨水多、高温高湿，所压的枝条触地更容易导致病虫害，所以在露地栽培中应用很少，在塑料大棚栽培中有的生产者会使用（图6-12）。

图6-12　压枝栽培

云南是我国当今月季切花生产面积最大的地区，主要是因为其优越的自然气候条件，云南的热带高原地区，年平均气温只有15～18℃，冬暖夏凉，有"四季如春"的美誉，很适合月季的生长。特别是在夏季，没有什么地方（非高原或高山地区）能够生产出具有像该地区一样品质的月季切花。但实际上，云南热带高原地区在冬季还是存在温度偏低的问题，极端年份甚至会出现大雪，使月季生产严重受损。

那么云南热带高原地区种植月季的模式是怎样的呢？主要是使用塑料大棚和塑料温室；多用土壤种植，无土基质+营养液也有一部分。作为切花月季生产的最大省份，云南省市场监督局于2020年发布了地方标准《切花月季设施无土栽培技术规程》（DB53/T 996—2020），其主要内容与《中华人民共和国林业行业标准：切花月季生产技术规程》（LY/T 1912—2010）中无土栽培的内容相差无异，在此也不进行进一步的介绍。

云南利用塑料大棚和温室土壤栽培月季，也都使用了压枝技术（图6-13）。虽然很多资料中都有提到压枝技术，但是存在着介绍不够详细甚至不完全相同的情况。云南玉溪市2020年发布了地方标准《切花月季综合栽培技术规程》（DB5304/T 044—2020），其中对压枝技术的介绍更详细些，把其分为苗期压枝和花期压枝，现摘录供读者参考学习。苗期压枝：幼苗定植50～60天后，每株发出有2～3个枝条，株高60厘米以上，茎干完全木质化，叶片浓绿发亮，此时由基部第一个完全叶3～5厘米处，先将枝条用力拧伤木质层，再将枝条向外向下折压形成2～3枝营养枝，同时用枝剪剪掉多余不要的芽和枝。花期压枝：当老营养枝叶数不足6～7个时，选择出花枝长度不够标准的枝条进行摘蕾封顶，然后压枝补充营养枝，营养

图6-13
云南切花月季压枝栽培
注意塑料温室下还安装了一层
薄膜来加强保温

枝长出的枝条也可选择压枝形成营养枝，营养枝要经常修剪，不养
成花枝。

云南昆明杨月季园艺有限责任公司是我国生产和研究月季的知
名企业，其月季切花畅销国内，还大量出口东南亚等国家和地区。
该公司发布有自己的企业标准《杨月季公司月季鲜切花生产技术规
程》，介绍的内容很详细和实用，在此特把其中有介绍压枝技术的
"整枝和采收"部分摘录如下：

（1）苗期整枝

扦插苗苗期主要工作是摘除花蕾、防除杂草，促进植株营养生
长。植株30厘米高时进行折枝，折枝时不应该将枝条折断，而应将

其折低于植株基部。细弱折枝充足时（每株2～3枝），壮枝条按采收位置剪除。嫁接苗苗期进行的工作，一是压枝砧木嫩梢并去除嫩梢生长点，且经常整理，抹除砧木新芽；二是及时摘除接穗花蕾；三是剪除砧木，接芽新梢2个以上、长度30厘米以上可以压枝时，于接芽上方5厘米处剪除砧木，并将接芽新梢于嫁接点上方留一个完整复叶进行折枝。

（2）采收期整枝

将不够长度，即花蕾指甲大时不足40厘米长的细弱枝进行折枝，并摘除其上花蕾。折枝叶片以不能重叠，又能将畦肩铺满为度。一般每株2～3枝，去除畸形或受损伤花蕾后，将小手指般粗壮枝的花枝按采收位置剪短。先将植畦外侧、植株底部细弱枝折枝；植株高处外侧细弱枝也从分节处折枝；植畦内侧细弱枝从基部拉至畦外侧折枝；植畦内侧高处细弱枝、压枝不足时，拉至植畦外侧，从分枝处压枝，压枝足够时，连同分结处老枝剪短。叶片脱落和黄化的老枝，在压枝充足时要剪除。每次除草和摘侧芽时都要进行折枝。

（3）摘侧芽

采收花枝上的侧芽长1～2厘米时应摘除，不能损伤叶片和主蕾，要保持花枝挺直，不能人为造成损坏和弯曲，并要摘除压枝花蕾。不够采收长度，即花蕾指甲大时枝长不足40厘米的花蕾、畸形和损伤的花蕾也要摘除，然后花枝压枝或按采收位置剪短。

（4）采收

对于一次枝采收的位置，小手指般粗壮枝留5～6个复叶，筷子般粗枝留3～4个复叶，不足筷子粗的枝留1～2个复叶，压枝不足时不采花留作压枝。对于二次及三次枝条采收的位置，小手指般粗壮枝留2个复叶，筷子般粗枝留1个复叶，不足筷子粗的枝不留叶，连同分枝处老枝回剪。注意采收时不要损伤所保留的叶片。

（5）修剪

采收1年以上的植株，每年应进行1次修剪，每株留1年生粗壮枝条3～5枝，每枝留20～25厘米长，其余剪除，尽量去除分枝处。一般在3月和7月进行此项工作，要保留植畦外侧和植株基部的细弱压枝，每株2～3枝，其余剪短。

不论哪一种形式的塑料大棚一般多按南北长、东西宽的方向设置，出入门留在南侧。在实际生产中，在冬季为了提高大棚的保温性能，可用2层甚至3层薄膜进行覆盖。

因薄膜不透气，棚内空气湿度比露地大。不通风时，棚内空气相对湿度可达90%以上，甚至100%。一般变化规律是棚温升高，相对湿度降低，棚温降低则相对湿度升高；晴天或有风天相对湿度低，阴雨天相对湿度高。湿度高植株蒸腾和土壤蒸发减少，而病害也更容易发生。土壤若湿度增高，棚膜上更易凝聚水珠，又影响透光。若棚内湿度超过月季的需求，应注意通风排湿，刮去棚内膜上的水珠，提高棚内温度，以降低空气湿度。大棚内盖地膜是降低空气湿度的有效措施。

第七章

月季盆栽
主要技术

可以说所有的月季品种都适合盆栽。微型月季由于植株矮小，更适宜作为盆栽，花盆的直径可以小到只有约8厘米。

一、商业生产

微型月季株型矮小紧凑，叶片和花朵小巧可爱，日益受到人们的欢迎。特别是10多年以来微型月季新品种不断涌现，发展迅速，目前已成为欧美和日本花卉市场最受欢迎的盆栽花卉之一。据2009年报道，仅丹麦一年微型月季盆花产量就达3500万盆，日本每年也有千万盆的销售量。近20多年来，微型月季在我国市场上也不断升温。

当今商业生产盆栽月季，主要就是使用微型月季品种，在温室或大棚下利用无土基质生产出小盆栽产品。微型月季从开始生产到成为商品所需要的时间比较短，生产过程也更为简单，归纳起来大概就是2个步骤：扦插育苗和种植开花。

江苏省2011年发布了地方标准《微型月季盆花生产技术规程》（DB32/T 1799—2011），其中的微型月季是小花型品种，使用的栽培方式是无土栽培，该标准中提到的环境因子的控制与前面介绍的设施栽培基本一致，在此摘录其主要不同的技术要点如下：

（一）扦插育苗

扦插基质材料可采用河砂、进口泥炭、珍珠岩、蛭石等，单独或混合使用。使用苗床或50穴的穴盘进行扦插。在每株上选择生长健壮和无病虫害的花蕾即将露色枝条，剪成具有2～4个节、长2～5厘米的插穗，保留最上部的复叶；把插穗用500～800倍液的多菌灵、百菌清等浸泡2～5分钟，然后把插穗基部用0.02%～0.05%吲哚丁酸溶液沾湿，再插入基质中。穴盘每个穴插1个插穗，苗床扦插株行距为5厘米×5厘米。插后每周喷施1次杀菌剂。

（二）种植开花

插后25～30天，选择生长健壮、无病虫害、具有3条以上和2厘米长以上不定根的苗，移植上盆。使用直径8～15厘米的塑料盆，基质直接采用进口泥炭或在其中混入10%的珍珠岩。8厘米直径的花盆种植1～3株苗，10～12厘米直径的种植4～5株，13～15厘米直径的种植5～8株。种植后基质表面与花盆顶部留有约1厘米的距离。种植后即浇透定根水，以后保持基质适当湿润。用营养液滴灌时，1～2天滴灌1次。人工用营养液进行施肥时，前期每周浇施1次，中后期4～5天浇施1次。

上盆30～40天后，在离盆口2～3厘米处统一把植株上部全部剪去，让其侧芽萌发生长、成枝，开花后就可出售。如果不需要开花，期间可根据需要进行多次修剪，注意每次修剪的高度要适当。

2020年云南玉溪市发布了地方标准《盆栽微型月季综合栽培技术规程》（DB 5304/T 041—2020），该标准所介绍的内容更全面和详细，有部分内容如穴盘岩棉育苗技术、覆盖扦插一次上盆育苗技术、管道潮汐栽培技术、水肥一体化技术等更加新颖先进，特别是管道潮汐栽培技术和水肥一体化技术，是当今我国包括微型月季在内的小盆栽花卉规模化商品生产日益普及的技术，很值得专业生产者学习。由于其内容较多，在此就不再进行摘录介绍，有兴趣者可自行查阅。

实际上，商业上生产的盆栽月季，除了微型月季小盆栽产品外，还有大量利用各种不同大小的花盆生产出的各种类型月季的盆栽产品，对于这些产品的栽培技术，广西2017年发布的地方标准《月季盆栽生产技术规程》（DB45/T 1591—2017）和浙江易拓园林开发有限公司2018年发布的企业标准《盆栽月季生产技术规程》（Q/YT 02—2018），可供参考学习。对于特别的产品类型树状月季，也有江苏省2020年发布的地方标准《树状月季培育技术规程》（DB 32T 3786—2020）和安徽省2020年发布的地方标准《月季树嫁接育苗技术规程》（DB34/T 3724—2020）可供学习。

而在广东珠江三角洲一带，除了可露地栽培切花月季外，同样可以露地栽培盆栽月季（图7-1）。

图7-1
广东露地栽培的盆栽月季

二、家庭栽培

传统的盆栽，是指用各种花盆来进行栽培。而当今所谓的"盆栽"，已经是泛指使用各种各样的容器来进行栽培了。

在家庭栽培中，阳台、天台、露台、庭院等都可盆栽各类月季，但是具体栽培地点都需要有充足的阳光。就阳台来说，以南面阳台最适合种植，西面阳台主要有西晒、高温问题而不容易种好，东面和北面阳台因为光照不足而不适宜种植。

微型月季最适宜阳台盆栽，生长了多年的微型月季使用盆径约20厘米的花盆足以。杂种茶香月季、壮花月季和丰花月季虽然植株大，但由于其花朵也大，花型丰富、花色艳丽，许多家庭养花爱好者反而更喜欢种植。这些月季进行盆栽，对于一年生植株可选用盆径为15～20厘米的盆，二年生植株选用盆径为20～25厘米的盆，三年生以上的植株应选择盆径为30厘米以上的大盆。

家庭盆栽月季，多为露地栽培，所以第五章月季露地栽培，包括园林和庭院栽培介绍的大部分技术都是可以通用的，下面主要对其不同的地方以及需要补充的内容进行阐述。

（一）繁殖

繁殖可依照露地栽培中所介绍的繁殖方法进行。

对于家庭少量繁殖栽培，空中压条是一种很好的繁殖方法。另外也可采用一种比较简单的扦插繁殖方法：选取当年生健壮的枝条，剪成约10厘米长作为插穗，插穗至少有3个节，把下部复叶剪去，留上部2个复叶，每个复叶也只留2～4片小叶；把插穗基部靠近节处用利刀切一斜切口，蘸上生根粉；把一塑料盆底部装上一层便于排水的粗材料（粗石子、陶粒、泡沫块等），再装入干净的河砂（珍珠岩、泥炭等皆可），用一小木棒在砂里插一个小洞，再把插穗插入小洞，插条没入1/3深，把砂子浇湿；在盆内靠近盆边插上三根更长的小木棒，套上一个透明的塑料袋，袋口与盆用绳子绑紧，之后把整盆放在阴处即可（图7-2～图7-9）。

图7-2
塑料盆底装一层粗石子
（或陶粒、泡沫块等）

图7-3
装入干净河砂后
用小木棒插个小洞

图7-4
选健壮枝并剪成约10厘米长

图7-5
插穗基部斜切一刀
剪去部分叶片，插穗基部靠近节处用利刀斜切一刀

图 7-6
基部蘸上生根粉

图 7-7
把插穗插入砂中小洞，
浇上水

图7-8
在盆内靠近盆边
插上3根长木棒

图7-9
套上一个塑料袋
袋口与盆用绳子绑紧,
把盆置于阴处

此方法中套上塑料袋是为了保持插条能一直处于高湿度的条件下，因而不易失水枯死，而且盆中也不用怎么进行浇水，除非塑料袋破损或袋口未绑紧。一个月左右就可生根良好。

当今一些养花爱好者也使用插花泥块来扦插月季，即把插条插入插花泥块中，再把插花泥块放在水里，水面高度不要超过插条基部，并且经常向叶面喷水，效果还是挺好的。还有养花爱好者也使用海绵块来进行扦插。

（二）盆栽基质

包括蔷薇属在内的大部分植物原来都是生长在土壤里的，把其进行盆栽，从环境条件来看，两者地上部分是完全相同的，而地下部分却显著不同。盆栽的根系生长发育环境被花盆与外界所隔绝，生育空间也受到很大的限制，所以盆栽植株比地栽植株更易出现缺水、缺肥、缺氧的现象。

正因为盆栽的根系受到盆的限制，养分、水分和空气条件的胁迫性很大，单位数量根的工作量也很大，所以要让其生长良好，对盆土的要求甚高。人们把用于栽培盆花的材料称为基质（或介质）。要满足上述要求，除了个别的土壤如塘泥等之外，大多数的土壤单独作为基质通常难以达到。目前国内外普遍将几种材料混合起来作为盆栽基质，称为混合基质，又称为人工培养土、培养土、混合土。

混合基质可根据是否含有土壤分为两类，一类为含有土壤的肥土混合基质（因为土壤是指地球表面上具有肥力的疏松表层，所以取肥土之名），又称含土（混合）基质、有土（混合）基质；另一类为不使用土壤的非肥土混合基质（因为所使用的材料不含植物所需要的营养元素或者含量很少，所以取非肥土之名），又称无土（混合）基质。当今有人把无土基质栽培称为无土栽培，严格来说这是不对的，无土基质加上使用营养液才能够真正称为无土栽培，营养液是无土栽培的核心。

在过去，含土基质是世界盆栽植物应用最普遍的基质，以红壤（红球形土）或田土作为基本材料，配以腐叶土、河砂等。1939年，英国Lawrence和Newell发表了用泥炭代替腐叶土的约翰英尼斯（John Innes）配合土或叫张英混合土，就是将壤土、泥炭和河砂按7：3：2的比例混合配制而成的，之后这种配方土作为栽培蔬菜和花卉类共同的标准培养土而被广泛使用。

后来随着泥炭这种材料被开发利用，以其作为主要材料的非肥土混合基质迅速得到普及，被广泛应用于园艺作物的育苗和盆栽。发达国家常用的配方有泥炭：河砂=1：1（体积比，下同），泥炭：蛭石=1：1，泥炭：珍珠岩=1：1，泥炭：蛭石：珍珠岩=1：1：1，泥炭：松树皮：珍珠岩=1：1：1，泥炭：河砂=3：1等。

泥炭又称为草炭、泥炭土。泥炭可以说是死亡的植物在水湿条件下腐烂部分被分解的植物残渣——一种特殊的有机物质。泥炭在世界上几乎所有国家都有分布，但分布得极不均匀，主要以北方的分布为多，南方只是在一些山谷的低洼地表土下有零星分布。我国各地也有大量的泥炭资源分布，有的也被开采使用，其中东北的泥炭品质很好，但是由于生态保护的原因，开采日益被限制。

泥炭含有大量的有机质，保水、保肥性强，排水透气性好，是一种很好的盆栽基质材料，目前国内使用的泥炭主要靠进口。因为进口泥炭进行过加工，可不添加其他材料而直接使用。进口泥炭已经把pH值调节适当，使用时也不需要再进行调节了（图7-10）。进口泥炭按颗粒大小分有不同的级别，一般选择颗粒大些的用于盆栽。

**图7-10
进口泥炭**

珍珠岩和蛭石都是常作为无土混合基质的组成材料。珍珠岩是由粉碎的岩浆岩加热至1000℃以上膨胀而成的极轻的白色核状体，多孔性结构，吸水性好，可吸收3～4倍于本身重量的水，不会腐烂，加入基质中以增加透气性和保水性，也可作扦插基质。蛭石是硅酸盐材料在800～1100℃下加热形成的轻而小的、多孔性的金色云母状物质，具有良好的缓冲性能，不会腐烂，能吸收大量水分，每立方米吸收500～650升水，还具有良好的储存和释放营养的能力，加入基质中以增强透气性以及保水、保肥能力，也可作扦插基质（图7-11、图7-12）。

在家庭盆栽月季时，对于微型月季完全可以使用上述所介绍的发达国家泥炭配方，也可直接使用进口泥炭。其他植株较大的月季，以泥炭为主的配方无土基质由于太轻，不容易固定植株，建议使用质量更重的含土基质。像塘泥（图7-13）就可以直接用来种植月季，其含有丰富的营养元素和较多的有机质，把其打成1～1.5厘米的

图7-11
珍珠岩

图7-12
蛭石

图7-13
塘泥是月季盆栽
的良好基质

小块，即使常浇水也不会松散，土块之间排水通气性良好，须根又可扎入土块内，是一种成本较低效果又好的月季盆栽基质。其他土壤材料往往要组成混合基质效果才好，如田土：腐叶土=3：1和田土：园土：腐叶土=5：2：3都是适宜的配方。园土又称菜园土、田园土，就是一般用于种植蔬菜的表层土，田土就是水稻田里的表土。

腐叶土是人工制作的，由阔叶树的落叶堆积腐烂而成。其做法是：挖个坑，将泡湿的树叶堆积约20厘米厚，边踏边积，再将些粪肥或饼肥或少量尿素、硫铵等氮肥撒布其中（以促进树叶腐烂分解），上盖薄土。每层都像这样堆积上去，最后盖上塑料薄膜。在堆积过程中翻堆一次。约3个月后就可过筛、混匀使用。腐叶土含有机质丰富，营养元素全面，既疏松、排水、透气，又能保水、保肥，加至园土、田土中可增加透气性，实际上直接用来种植月季也是不错的。

由于种种原因，养花者往往无法获得足够的材料来配制配方土，比如只能找到田土或园土，甚至只能在大树底下挖一些土回来，这种材料也是可以的，办法是：在这些土壤中混入富含有机质的材料，如泥炭、椰糠、菇渣等，至少添加1/4的体积时才有比较好的效果。其原理可查看第五章月季露地栽培技术中介绍的土壤改良内容。

因为南方土壤一般偏酸性，北方土壤通常偏碱性，所以含土基质需要再把pH值调节适当，这方面也可查看第五章月季露地栽培技术介绍的土壤pH值改良内容。

使用上述含土基质时，如果在盆底施一些腐熟的有机肥，效果更好。在家庭盆栽月季时，花生麸（图7-14）是一种比较卫生、效果好的有机肥，需捣碎或磨成粉再使用。由于花生麸含大量的纤维，

图7-14
花生麸

施后会发酵产生高温，从而导致烧根，所以使用时需注意控制用量，不要施太多，并且要放在底部，最好与基质混合，上面再填入一层基质，之后再把苗种上。在条件允许时，还是先进行堆沤之后再使用为佳。目前有一些经过处理加工的商品有机肥，也很适合购买使用。但是，如果使用以泥炭为主的无土基质，一般都不施有机肥。

（三）幼苗上盆种植

上盆是指将繁殖成活的幼苗移栽到花盆里的过程。上盆前要根据月季的种类及品种、植株的大小、根系的多少等来选择大小适当的花盆。如果盆太小，则根系发展很快受到限制，因此很快就要再进行换盆；如果盆太大，则水分不容易调节。

上盆时，最好先在盆底垫一块防虫网，为利于排水再填入一二层陶粒或石子之类的粗材料，泡沫块也很好，既是废物利用、环保，也很容易得到。然后填入一些基质（如还要施基肥，要在肥料上再填一层基质，避免根系直接接触肥料），填入的基质数量要根据根系的情况来确定，就是在随后的种植时能够让幼苗根系自然舒展开。之后，用一只手拿苗放于盆中央，填基质于苗根的周围，再用手适当压实，注意不要种植太深，土埋到超过根系上面不到1厘米就可以了。因为一般浇水时都要浇透，为了便于今后的浇水，所以还需要注意上盆后所装的基质不要太少也不能太多，只需要约八成满，以后浇水时把剩下的两成空间浇满水，这些水就差不多刚好能够使全部基质湿润。目前许多花卉种植爱好者都不知道这个细节，往往基质装得太多，导致浇水费时费力，甚至浇水时基质也随之外流。

种植上盆完毕即浇透定根水。如果是裸根种植的苗，根特别是根毛容易受到损伤，上盆后会影响对水分的吸收，幼苗有可能停止生长或萎蔫，等新根毛发生后，才恢复生长，这段时间称为缓苗期。缓苗期间应把盆株放在遮阳的地方，注意之后浇水不要太多，等基质表面干了再浇水，空气太干燥可向叶片进行喷水。约1周后再把盆株放在阳光充足的栽培场所进行正常的管理。

（四）浇水

月季的浇水，与种类及品种、自然气候条件和季节、植株的大小、花盆的种类和大小、基质类型等多种因素都有关系，具体是否需要浇水可根据基质的干湿情况来确定，每次浇水都要浇透，一般盆底刚好有一点水流出就说明浇透了。在生长期一般可以等到基质表面1厘米深处干时再进行浇水。在夏天或秋天高温干旱干燥时，每天都需要浇1次水甚至浇2次水，浇1次水时，一般宜在上午浇；浇2次水时，上午、下午各浇1次。一般不要在傍晚进行浇水，因为晚上温度较低、湿度较大，如果浇水时植株上留有水滴，则因水滴存留时间长而容易引起地上部发生病害。有人在浇水时，采取每次浇水只浇少量，让基质表层湿润，而浇水次数频繁的方法，这不是一个好的方法，因为基质下面经常无足够的水可让根系吸收，而表面长期湿润又导致空气进入基质不足，月季难以耐受这种情况。

如果没有及时进行浇水，月季就会出现嫩枝叶和花蕾下垂、叶片卷起这种萎蔫现象。有些人等到植株出现萎蔫时才进行浇水，虽然植株常常能够迅速复元，但是经常如此对植株正常生长和开花是有影响的，甚至会引起叶片变黄和脱落，因为植株出现萎蔫时之前的一段时间，根系不能够正常吸收到水肥，体内的各种正常生理活动也就受到了影响。经常等到植株缺水比较严重时才进行浇水，这种情况下植株的下部叶子也会早落，会导致下部空荡难看。有时因为含土基质板结严重，水分无法渗入基质，就算进行浇水也会导致植株很快萎蔫，这时就要注意进行松土的工作了。

在冬季因为温度低，月季生长慢，土壤也干得慢，可以数天至1周才浇1次水。浇水时水温要与土温或室温接近。如果用冷水来浇，根系会受低温的刺激，从而引起吸收能力的下降，抑制根系生长，严重时还会伤根甚至引起烂根。另外，如果冷水溅落到叶片上，也可能产生难看的斑点。所以在冬季浇水时，宜在中午前后进行。如果自来水温度太低（特别是早晨），可先贮放1～2天再使用，贮存期间水会吸热而使水温上升到接近室内的温度。在冬季月季会出现落叶休眠的地区，例如在中部苏浙沪地区，可在基质表层偏干发白后再等三四天，再进行中午前后浇水，北方地区可以再适当延长几天。

如果浇水太频繁，特别是对于本身排水、透气性不好的基质，因为基质中的孔隙长期存有水，导致基质内的空气（氧气）不足，根系就无法正常生长发育，水肥吸收也就受到影响，植株会生长不良，严重时会导致根系发生根腐病而死亡，植株进而也就死亡（图7-15）。

图7-15
植株发生根腐病死亡
排水透气性不好不良的基质
因为浇水太频繁，会导致根
腐病的发生

由于基质水分过多的危害比水分缺失、土壤干燥的危害更大，而且水分过多较容易导致植株死亡，因此，如果无法准确判断什么时候才需要对月季进行浇水，那么请记住：宁愿浇水次数少点，也要比多浇水更加安全。

（五）追肥

　　由于盆花的施肥量与次数，依种类品种、植株大小、生长发育时期、季节环境、基质类型、肥料种类、施肥方法等有很大差异，所以不存在统一的标准施肥模式。至于哪一种方法更好，也很难确定，除非自己进行试验比较。

　　盆栽月季有含土基质和无土基质两类，其追肥的模式肯定是有差别的。含土基质因为含有土壤，所以通常只要追施氮肥、磷肥和钾肥，家庭栽培使用商品复合肥（图7-16）最为方便。笔者的建议是：向盆中施1～2克氮（N）：磷（P_2O_5）：钾（K_2O）=1：1：2或1：1：3的复合肥，小盆和幼苗施少些，大盆施多些。如果购买不到这两种比例的复合肥，也可以购买氮：磷：钾=1：1：1的复合肥（最多、最常见的产品类型是N-P_2O_5-K_2O=15-15-15），这种氮磷钾比例一样的复合肥又被称为平衡肥、通用（复合）肥。肥料要均匀地撒在基质表面，然后挖松基质表层，让肥料进入基质中。

图7-16
复合肥颗粒

平时追肥可每隔20～30天施用1次，冬天则30～45天施用1次，通常气温越高基质越易干，浇水次数就要更多，肥料流失也就更多，所以具体需要结合当地温度的情况来灵活掌握。

除了用复合肥进行追肥外，花生麸也可以作为追肥肥料，但要经过腐熟，做法是：用一个可密闭的容器（有家庭养花爱好者还使用过装过食用油的废塑料瓶），把捣碎的花生麸放入，再加入7～10倍量的水，因为在发酵过程中有气体产生，所以瓶内要留有约1/4的空间，然后盖紧瓶盖。温度高发酵快，所以容器可以放在有太阳的地方。发酵约一个月可以使用，时间越长，腐熟程度越高越好，使用时要再兑10倍左右的水。没有用完的发酵液可以继续密封待再用，放置时间长效果反而更好。花生麸不仅含有氮、磷和钾，还含有其他的营养元素，是一种很好的追肥肥料。那么是不是盆栽月季可以不使用其他肥料，而只是使用花生麸水进行追肥就可以了呢？从理论上来分析，花生麸所含的氮、磷和钾的量是不能够充分满足月季需求的，所以笔者认为还应该要结合上面提到的复合肥来一起施用，具体的方法只能由读者自己去摸索了。

月季施肥太少，则生长开花不良；某种营养元素吸收过多，植株同样可能出现生长开花不良现象；一次施肥量过大或浓度太高，易引起根系"烧伤"甚至导致植株枯死（如果发生这种现象，这时应立即向盆里连续浇几次水，浇水能淋洗掉肥料）。对于没有太多经验的养花爱好者，如果对复合肥以及其他肥料每次的具体施用量以及间隔时间无法充分掌握，那么请记住"薄肥勤施"这四个字，就是宁愿每次施用量少一些或者浓度低一些，而施的次数多一些。

上面介绍使用的复合肥，1个月左右就要施1次，肥效期不算长。实际上，人们较早就已经研究开发出了肥效期更长的所谓的缓释肥

图7-17
一种缓释肥颗粒

料（图7-17），又称控效肥料、控释肥料、长效肥料，这种肥料营养元素的释放与作物吸收（需求）能够相同步，而且施多了也不容易产生烧伤根系的问题。目前市场上销售的缓释肥料产品，维持肥效时间最短的也有3～4个月，更长的达6～7个月，甚至还有长达1年的。因此可以说，缓释肥料也特别适合家庭养花使用，使用方法也如上述复合肥一样，均匀撒上，浅埋基质里，而施用量可多一些。至于施肥的间隔时间，根据所购买产品的肥效期来决定。

如果使用无土基质种植，因为其本身所含的营养元素含量很少甚至没有，所以不仅要施氮肥、磷肥和钾肥，按道理还要施钙、镁、硫、铁、硼、锰、铜、锌、钼、氯和镍这些元素肥料。商业生产盆栽月季多使用无土基质，有的生产者施肥是使用含营养元素全面的营养液，在此不作进一步介绍。有的生产者因为对肥料不熟悉，在使用无土基质盆栽月季时，也按照有土基质的标准来进行施肥，因为所使用的肥料仅含有氮磷钾，因此容易出现其他营养元素的缺乏而导致生长不良。其中最容易出现缺乏的为镁元素（Mg），镁也是植物所必需的大量元素之一，因为镁是叶绿素的组成成分，缺少时叶片就会发黄。

因为商业盆花生产使用无土基质时，有很多生产者并没有使用营养液来进行施肥，所以肥料制造商为此也就生产出了相适宜的缓释肥料，其不仅含有氮、磷和钾，主要还添加有镁和相关的微量元素（图7-18）。因此在家庭使用无土基质种植月季时，使用这种肥料也是相当方便而且有效的。

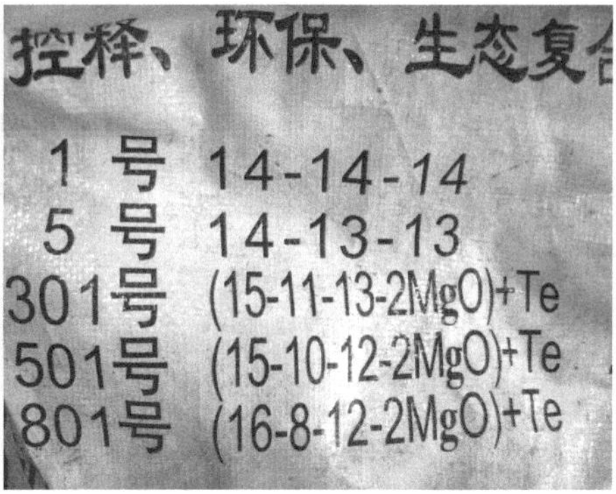

图7-18
含镁和相关微量元素的
缓释肥料
Te指代肥料中的中、
微量元素

控释、环保、生态复合

1 号	14-14-14
5 号	14-13-13
301号	(15-11-13-2MgO)+Te
501号	(15-10-12-2MgO)+Te
801号	(16-8-12-2MgO)+Te

（六）修剪

修剪对于盆栽月季来说，也是一项十分重要的工作，而且随时都要注意进行修剪。如果缺乏修剪，往往会出现植株越长越高、花枝越来越短细、花越开越小，植株下部叶子掉光而显得空荡，枝条高矮和疏密不一、杂乱无章、倾斜倒伏等（图7-19～图7-22）现象。

图7-19
微型月季枝条散乱弯垂

图7-20
盆栽枝条散乱垂地

图7-21
枝条高矮不一

图7-22
花枝短

　　对于盆栽月季的修剪知识和技术，基本上可参考第五章月季露地栽培技术中的修剪部分。主要不同之处在于对残花的修剪方法。另外目前对于非微型月季，也有爱好者采用了第六章月季设施栽培主要技术中提到的压枝技术。

　　盆栽月季残花肯定也是需要剪掉的，不剪的话不但不美观，而且会影响到枝条再开花时花的大小和花枝的长短，也影响到整个株型情况，有的还会结果导致营养浪费。对于怎么修剪残花，不是简单地把残花朵剪掉，而是要把残花连同下面的枝条剪去多长的问题，这与种类品种、株型情况、本身枝条的长短等密切相关。在第五章露地栽培技术中提到过修剪残花的要求，就是把残花至少连同下面第一个具5小叶的复叶一起剪去。但是例如对于一盆栽杂种茶香月季，其基部萌发出的枝条（非徒长枝）可以超过1米（一般会修剪的人，在其未开花之前就会把其剪短，让其重新萌发侧枝），而原来的株高也就几十厘米，那么这个将来作为主枝的枝条开过花后怎么进行修剪？如果仅把残花朵剪掉（或者残花朵也不剪），因为这个枝条本身就过长导致株型已经不协调，而接下来其下面的侧芽也很快萌发开花，花枝短、花朵小，从而使株型更不协调。残花连同下面的枝条剪去不长，问题改善也不会太大，至少要把枝条剪去一半长才适宜（图7-23～图7-27）。

图7-23
过长的基部萌发枝

图7-24
基部萌发的主枝枝条
不剪残花导致下面
所开的花小、花枝短

图7-25
不能只基本剪去残花

图7-26
把残花连同下面第一个具5小叶的
复叶一起剪去也远远不够

图7-27
至少剪去一半长才适宜

　　另外，在长枝条剪短时还要考虑留芽的方向。如果植株内部显
得比较拥挤，就应该让最上面的节的腋芽方向朝向植株的外面；如
果内部比较空，腋芽方向就朝向植株的里面。

　　盆栽月季的部分修剪技术见图7-28～图7-34。

图7-28
缺乏修剪的植株

图7-29
剪去枯枝

图7-30
剪去残花及病虫枝

图7-31
过长枝剪短
会利于以后开花枝长、花大

图7-32
剪去基部砧木枝

图7-33
过老的枝条若要淘汰，需从基部剪去

图7-34
修剪后的植株
显得均衡，而且利于以后
开花质量好

（七）换盆

盆栽月季，一般每年换一次基质，3年生以下的植株还应每年更换更大些的盆。换盆时间可在春天进行。在有休眠的地区，换盆时间宜在早春新芽尚未萌发之前进行。

换盆前注意控制浇水，使基质稍干为宜，以利于脱盆。脱盆后，去掉周围约一半的旧基质，剪去老根、弱根、病根和枯根，再按上述幼苗种植上盆的办法进行种植管理。对于在生长期间进行换盆时，还要注意剪去地上部一些枝叶，或把植株剪矮，有利于成活。

（八）其他管理措施

株与株之间不要摆得太密，以保持通风透气良好。在夏季盆株最好放在遮阳的地方，避免强光高温对植株生长造成影响。在下雨时最好放在遮雨的地方，可大大减少黑斑病的发生。在阳台或窗台上种植或摆放的盆株，每隔数天就要把盆旋转90°，以保持株型直立生长，否则植株就会变成向外（即朝光照的方向）倾斜生长（图7-35）。

图7-35
在阳台或窗台上
种植或摆放的盆株
会向外倾斜生长

杂草要随时进行清除，特别是对于在我国各地泛滥的红花酢浆草，因为地下部有鳞茎和肉质根，要连根一起挖起才能根除，否则其会产生许多小鳞茎而在秋季又大量冒出叶子（图7-36、图7-37）。使用含土基质种植的，比较容易出现基质板结现象，要注意及时进行松土。随时观察病虫害的发生情况，并采取相对应的防治措施。

图7-36
红花酢浆草

图7-37
红花酢浆草地下部的鳞茎和肉质根
注意要连根一起挖起清除

第八章

——

月季主要
病虫害
及其防治

病虫害防治也属于月季栽培管理中的一项技术，不过由于月季的病虫害比较多而且有的危害严重，因此在此单独列出进行介绍。

一、主要害虫及其防治

（一）红蜘蛛

[特征与危害]

螨类种类多，一般在叶片上吸吮汁液，直接破坏叶片组织，故又称为叶螨。有的螨类在叶上大量产卵，这些卵像一层灰尘，在叶上还会有黑色的小斑点——排泄物。螨类虫体极小，大多在0.5毫米以下。最常见的是红色或粉红色的，俗称为红蜘蛛，红蜘蛛多时，在叶上特别是在叶背会织成丝一般的网状物，若用手指捏一捏叶片，会在捏住叶片背面的手指上沾上"红血"。

红蜘蛛先危害下部叶片，通常多在叶背为害，用口器刺吸汁液，在叶片表面会出现褪色的斑点，因其繁殖速度极快，叶片受害严重时被小小的斑点完全覆盖，并且可能出现卷曲、皱缩、枯焦似火烤、脱落等现象。芽、嫩枝梢、花瓣等也可能受害。芽和嫩枝梢受害时导致新的枝叶发育受阻，花芽受害可能变成黑色。如果不注意防治，红蜘蛛会扩展至全株为害。由于红蜘蛛个体太小，肉眼一般难以看到，所以最好用放大镜经常检查叶片两面，特别是叶背，看是否有红蜘蛛发生（图8-1、图8-2）。

图8-1
红蜘蛛主要藏在叶背

图8-2
用放大镜检查有无红蜘蛛
或其他小害虫

[防治方法]

　　干热的空气最有利于红蜘蛛的发生，每天给植株喷水有助于防止红蜘蛛侵害；家庭少量种植时，用清洗叶片的方法可把红蜘蛛除杀；用手指压死红蜘蛛，之后再喷水洗净；使用适宜的杀虫剂，叶背也必须喷到药剂。杀虫剂除了可选用乐果、氧乐果、敌敌畏、马拉硫磷（马拉松）、克百威等，还有许多专门用于灭杀螨类害虫的杀螨剂，如克螨特、噻螨酮（尼索朗）、溴螨酯、双甲脒、单甲脒、四螨嗪（螨死净）、苯丁锡（托尔克）、苯螨特、苄螨醚（扫螨宝）等。

家庭养花对害虫的防治是比较麻烦的事情，在此特别介绍一下很适合家庭使用的克百威。克百威又称呋喃丹、大扶农，属颗粒剂，为高效广谱杀虫剂和杀线虫剂，具有强烈的内吸作用（药剂由根系吸收，然后运输到植株各个部分，害虫吃了含有毒物的组织或汁液即引起中毒死亡），还有触杀和胃毒作用，毒性高，药效期长，可以防治本书所介绍到的各种地上部或基质里的害虫。但正是因为其毒性强，只可戴上手套把颗粒施于花盆里，严禁兑水喷雾，而且家庭里要特别注意保存、保管好。另外，施了克百威的盆花绝对不能作为药用或食用，克百威也绝对不能用于家庭栽培食用的蔬菜、果树等上面。对于盆径在20厘米以下的盆花，每盆可施3%的克百威1～5克（盆径越小施用量也越少），盆径在20厘米以上的每盆施6～20克，把颗粒均匀撒于盆里，再用小棒把其松入基质中（图8-3）。

图8-3
克百威颗粒剂

（二）蚜虫

[特征与危害]

在某些季节，群集的蚜虫数量多时可以覆盖满一层。蚜虫通过针状口器在新生的嫩芽上吸食汁液，会损伤嫩芽，使嫩芽出现不成形的叶片甚至枯萎，抑制了植株的生长。嫩叶、嫩茎、花蕾和花也可能受害，造成畸形、发黏，严重时可使叶片卷缩脱落，花蕾脱落，观赏价值大大降低。蚜虫由于身上会分泌出"蜜露"，还容易引起煤污病的发生，另外蚜虫还会传播病毒病。蚜虫分泌的"蜜露"还会吸引蚂蚁来吸食，而蚂蚁又常常会把蚜虫从一个位置或植株带到另外一个位置或植株。

蚜虫种类很多，分为有翅蚜和无翅蚜，无翅蚜的体长约4毫米，有翅蚜的体长约3.5毫米甚至更小，常常呈绿色，也有粉红色、棕色、黄色、灰色、黄白色或黑色的，繁殖速度都很快。除了组织坚硬的如观赏凤梨外，其他包括月季在内的盆花都可能会受蚜虫的危害（图8-4、图8-5）。

图8-4
花上的黑色蚜虫

图8-5
植株上被吸引的蚂蚁
植株上有蚂蚁在不断走动，
往往是感染了蚜虫、介壳虫等

[防治方法]

剪除严重变形的受害部分；经常进行盆花的清洁；用手指压死，之后再喷水洗净；必要时使用杀虫剂。适合灭杀蚜虫的杀虫剂有许多，如吡虫啉（咪蚜胺、灭虫精、扑虱蚜、蚜虱净、大功臣、康复多）、克百威、乐果、敌百虫、乙酰甲胺磷、杀螟硫磷（杀螟松）、辛硫磷、抗蚜威、鱼藤酮（鱼藤精）等，以及拟除虫菊酯类杀虫剂如甲氰菊酯（灭扫利）、高效氯氟氰菊酯（功夫）、除虫菊酯、氰戊菊酯（杀灭菊酯）等。

家庭里还可取2克洗衣粉，加水500克搅拌成溶液，加清油一滴，然后喷雾，或者取肥皂和热水按1∶50的比例溶解后喷施，对蚜虫、红蜘蛛、介壳虫等有防治效果。

（三）蓟马

[特征与危害]

蓟马种类也很多，常见的为黄色、绿色或黑色。个体极小，体

222

长1毫米左右，成虫有翅膀，但是通常都不飞而跳跃。蓟马利用特殊的口器刮破植物表皮，然后吸取汁液为生。蓟马主要危害花朵，使花瓣出现失绿的黄色或粉色斑点或块状斑纹，严重者使花瓣变褐、卷曲、皱缩、枯黄脱落。蓟马也会侵害柔软的叶丛，严重时使得嫩芽、心叶凋萎。蓟马还会分泌一种淡红色的液体，然后变成黑色，黏在花或叶片上。由于蓟马平时藏在花瓣间的缝隙处，农药往往难以直接打到虫体上，因而更不容易防治（图8-6）。

图8-6
蓟马

[防治方法]

用放大镜经常检查，摘除受害严重的花和叶子；使用适宜的杀虫剂。防治蓟马的杀虫剂有吡虫啉、克百威、稻丰·仲丁威（七星宝）、乐果、喹硫磷、马拉硫磷（马拉松）、乙酰甲胺磷、杀螟硫磷（杀螟松）、鱼藤酮、敌敌畏、杀螟丹（巴丹）、甲萘威（西维因）等，也可用克百威施在土壤中，通过根吸收再传导至植株地上各个部分，蓟马吸取有毒的汁液后中毒死亡。克百威对其他各种害虫都有相当好的防治效果。

（四）金龟子和蛴螬

［特征与危害］

金龟子有多种，常见的有铜绿金龟子、朝鲜黑金龟子、茶色金龟子、暗黑金龟子等，是一类杂食性害虫。金龟子的幼虫称为蛴螬，是一种危害广泛的地下害虫。蛴螬在土壤中生存，至少在土中度过10个月。虫体柔软，白到灰色，通常在土壤里卷曲成"C"字形。蛴螬咬吃根部分，危害严重时导致植株枯黄死亡。土壤或基质里有地下害虫时是比较麻烦的，因为不容易发现；而当发现时，植株又往往已受到比较严重的损害甚至已经死亡。当平时的养护管理都比较正常，而植株仍然出现生长不良或萎蔫时，就需要考虑一下地下部是否因有地下害虫而受到伤害，可直接挖开土壤或基质，检查根系的情况并检查是否有蛴螬。

蛴螬通常夏初化蛹，之后变成成虫金龟子。金龟子也是害虫，其有明显的避光性，白天在土壤中躲藏，晚上出来取食，可咬食月季的叶片、花朵和芽，造成网状孔洞和缺刻，叶片严重时仅剩主脉，群集危害时更为严重，常在傍晚至晚上10时咬食最盛（图8-7、图8-8）。

［防治方法］

① 防治蛴螬：通常春季4～5月和秋季9～10月蛴螬危害最明显，主要的防治办法是施用杀虫剂。7～8月当刚孵化出幼虫时，施用杀虫剂最有效。可用辛硫磷、毒死蜱等配成一定浓度后淋在土壤或基质里，或把克百威直接施入土壤或基质里。

图8-7
蛴螬

图8-8
金龟子咬食叶片

　　② 防治金龟子：一是利用其具有的假死现象，在傍晚或早晨，人工振荡植株，成虫假死落地，然后捕捉灭杀。二是喷杀虫剂，如用敌百虫喷在植株上，成虫吃了有毒的花叶后而死亡。再如在晚上当成虫为害时，喷拟除虫菊酯类杀虫剂，可直接喷在虫体上，造成虫体中毒死亡。

（五）介壳虫

［特征与危害］

介壳虫种类极多，大多也是属于小或很小的昆虫，有的只有1.5～3毫米长，颜色有棕色、淡黄色、白色、粉红色等。无论是哪一种介壳虫，幼虫孵化出来以后就会活动，寻找可食茎叶的地方；然后分泌一层保护性的蜡质覆盖物——介壳，就不再移动了，成虫就躲在介壳里面吸取汁液为生。有的介壳虫上的覆盖物像粉一样，白色毛绒绒的，特称为粉介壳虫（图8-9）。

图8-9
粉介壳虫

家庭里所有养的花，都容易受到介壳虫的危害，叶子、茎、叶腋处都会受害。受害处会出现褪色的斑点，虫多时叶片会变黄、枯

226

萎。介壳虫也会分泌出"蜜露"，从而引起煤污病的发生以及吸引蚂蚁。

［防治方法］

介壳虫成虫固定不动，而且有特殊的介壳外貌，因此很容易判断。对于家庭少量的盆花，简单、有效而安全的方法是用人工防治，如可用牙签剔掉、用牙刷刷掉、用指甲刮掉等。规模生产一般使用杀虫剂来喷雾，对刚孵化、介壳尚未增厚的幼虫，使用上述防治蓟马的杀虫剂都有效；成虫因为有介壳保护，使用内吸性的杀虫剂效果才好，如乐果、螺虫乙酯、呋虫胺、氟啶虫胺腈（砜虫啶）、克百威等。

（六）叶蜂

［特征与危害］

成雌蜂体长9毫米，翅展16～20毫米，触角3.5毫米。雄蜂体长8毫米，翅展12.5毫米，触角4.5毫米。老熟幼虫体长20毫米，黄绿色，头红褐色，触角短粗，基部淡红色，胸和腹绿色，臀板黑色。叶蜂以蛹在土中结茧越冬，4月上旬羽化，发生期不整齐，世代重叠，成虫白天羽化，次日交配。雌虫交尾后即可产卵。卵产于木质部，外呈褐色，每处产卵1～2块，卵期9～19天。幼虫孵化后向嫩梢爬行，逐渐分散，共分6龄。成虫寿命5天。

叶蜂以幼虫危害月季，通常群集咬食叶片、嫩梢及花朵，严重时将叶肉、嫩梢或花朵吃光，叶片只残存粗叶脉（图8-10）。

［防治方法］

前文中所述防治蓟马的杀虫剂，同样可以用于防治叶蜂幼虫。

图8-10
叶蜂幼虫危害叶片

（七）其他害虫

1.小灰蝶

[特征与危害]

小灰蝶幼虫主要吃食花蕾，使花蕾出现孔洞（图8-11）。

图8-11
小灰蝶幼虫危害花蕾

2.尺蠖

[特征与危害]

尺蠖咬食叶片，使叶片出现缺刻（图8-12）。

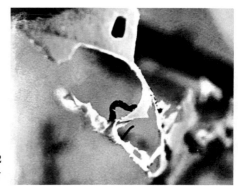

图8-12
黑色尺蠖咬食叶片

3.斜纹夜蛾

[特征与危害]

斜纹夜蛾幼虫主要在夜晚从土壤中钻出咬食嫩枝叶，幼苗更易受到危害（图8-13）。

图8-13
斜纹夜蛾幼虫
主要危害嫩枝叶

4.毒蛾

[特征与危害]

毒蛾幼虫咬食叶片和花瓣（图8-14）。

图 8-14
毒蛾幼虫咬食叶片

5.棉铃虫

[特征与危害]

棉铃虫咬食叶片和花瓣（图8-15）。

图 8-15
棉铃虫

6.黑刺粉虱

［特征与危害］

黑刺粉虱若虫群集在叶片背面吸食汁液，会导致叶片因营养不良而发黄、提早脱落，其排泄物还可以诱发煤污病（图8-16）。

图8-16
黑刺粉虱若虫在叶背
吸食汁液

［防治方法］

上述这些害虫，都可以用防治蚜虫和蓟马的杀虫剂来进行防治。

二、主要病害及其防治

（一）黑斑病

［特征与危害］

黑斑病是危害月季最普遍、最主要的病害，几乎在全世界月季栽培地区都有发生，在珠江三角洲周年都会发生，特别是在雨季及高温高湿季节发病尤盛。黑斑病在叶片上形成褐色至黑色、近圆形的病斑，边缘纤毛状，病斑周围常有黄色晕圈包围。随着叶片上病斑变大及数量变多，邻近叶肉组织色泽也由绿变黄，整个叶片会黄化和脱落。由于叶片不断脱落，会导致植株光合能力降低，营养不良而衰弱，严重时会导致植株死亡。此外，幼茎、花瓣、花萼、花梗、叶柄等也都会感病，感病的幼茎及花梗上会产生紫色到黑色的条状斑点，微下陷（图8-17、图8-18）。

图8-17
月季黑斑病

图8-18
黑斑病严重时导致叶黄化和脱落

黑斑病的病原为半知菌类黑盘孢目放线孢属的一种真菌，其以菌丝体或分生孢子盘在病枝叶或病落叶上越冬，分生孢子主要借助雨水、灌溉水、风等来进行传播，所以雨水多时发病也多。据测定，叶上滞留水分时，孢子6小时内即可萌芽、侵入。此外，植株种植过密或场地通风不良，也容易发生黑斑病。

[防治方法]

随时清扫落叶、摘去或剪除病枝叶并移出田间进行深埋或烧毁；最好进行地面覆盖；用杀菌剂进行喷洒。适宜的杀菌剂有波尔多液，石硫合剂，咪鲜胺（施保克、菌百克、使百克、施保功），咪鲜胺锰盐，苯醚甲环唑（世高），戊唑醇（富力库、立克秀、好立克、菌力克），嘧菌酯（阿米西达），甲基硫菌灵（甲基托布津），多菌灵，代森锰锌等（包括下述所有的农药按照标签上说明的使用方法及浓度来进行使用即可），各种药剂轮流使用，每7～10天喷一次。凡是喷药时，力求叶片上下两面都要喷到，而且雾滴要细，叶面沾湿即可，不要让叶面形成水滴。

波尔多液是属于一种保护性的无机杀菌剂。所谓保护性作用，是指植株在患病之前喷上杀菌剂，抑制或杀死真菌的孢子或者细菌，以防止病原菌的侵入，使植株得到保护。波尔多液对人、畜低毒。药液喷在植物体表面形成比较均匀的薄膜，不易为雨水所冲刷，残效期长，可达15天左右。

波尔多液除了能够防治黑斑病外，对霜霉病、叶斑病、锈病、褐斑病、立枯病、斑枯病、炭疽病、轮纹病、疫病、缩叶病等也均有良好的防治效果。波尔多液是由人工配制的，由于其防治真菌病害范围广，配制也不难，大规模生产时为了降低农药成本，建议生产者自行进行配制使用。

作为保护性杀菌剂，波尔多液在发病初期就要及时使用，以消灭发病中心，特别是在病害流行季节，及时喷药预防病菌的侵入，显得更为重要。喷施时间宜选在傍晚，中午高温时喷药可能产生药害。在南方雨季和夏季高温、高湿季节，露地栽培月季黑斑病严重，有生产者7～10天就喷一次波尔多液。但由于波尔多液会在叶片表面留下白色残迹，可能影响切花枝外观，这种情况下就需要在花枝没有那么长之前使用波尔多液。

配制波尔多液比较麻烦，目前市场上有几种商品含铜杀菌剂，如氧化亚铜（靠山），氢氧化铜（可杀得），碱式硫酸铜，氧氯化铜（王铜、好宝多），络氨铜，琥胶肥酸铜等，效果与波尔多液基本相同，而使用起来更加方便。

石硫合剂（石灰硫黄合剂）也是一种由人工配制成的很好的保护性无机杀菌剂，用硫黄粉、生石灰和水熬制而成，原液为深红褐色透明液体，有臭鸡蛋味，呈碱性。石硫合剂也可用于防治黑斑病、白粉病、锈病、炭疽病、黑星病、叶斑病、霜霉病、穿孔病、褐斑病等多种病害，同时还兼有防治红蜘蛛和介壳虫的作用。

（二）白粉病

[特征与危害]

白粉病由真菌中的白粉菌引起。这种病害，病征常先于病状。病状最初常不明显。病征初为白粉状，近圆形斑，扩展后病斑可联结成片。一般来说，秋季时白粉层上会出现许多由白而黄、最后变为黑色的小点粒——闭囊壳。少数白粉病晚夏即可形成闭囊壳。病菌以菌丝体在芽、叶、枝等上越冬。

白粉病是月季温室或大棚栽培中最常见的病害，可周年发病，露地栽培在多雨季节或高温多湿时也可发生，栽植过密、氮肥过多、钾肥不足更易发病。首先从植株中上部开始发病，叶片、叶柄、花蕾、嫩梢等部位均可发病。叶片上发病初期出现褪绿黄斑，逐渐扩大，以后着生一层白色粉状物，严重时全叶披上白粉层；嫩叶染病后翻卷、皱缩、变厚，有时为紫红色；叶柄及嫩梢染病时膨大，反面弯曲，幼叶展不开；老叶则出现圆形或不规则的白粉状斑，但叶片不扭曲；花蕾感病时，表面披白粉霉层，花姿畸形，开花不正常或不能开花（图8-19）。

图8-19
月季白粉病

[防治方法]

及时摘去或剪除感病器官，并移出烧毁；室内空气湿度大时要加强通风；喷施杀菌剂，叶片正反面均匀喷药。杀菌剂可选用石硫合剂、三唑酮（粉锈宁）、多·硫、戊唑醇、苯醚甲环唑（世高）、嘧菌酯、甲基硫菌灵、百菌清、苯菌灵等。

在温室或大棚内，还可用硫黄粉加热让其升华来进行熏蒸，产品有硫黄熏蒸器（图8-20）。硫黄升华释放出硫分子均匀地分布在作物各个部位而形成一层均匀的保护膜，可以起到杀死和防止病原菌侵入的作用，可防治白粉病、灰霉病、霜霉病等病害。硫黄熏蒸器安装在高度距地面1.5米处，一个硫黄熏蒸器有效熏蒸距离为6～8米，覆盖范围为60～100米²，建议在熏蒸器上方40～60厘米高度

图8-20
硫黄熏蒸器

设置直径不超过1米的遮挡物。硫黄熏蒸一般用作发病前的预防和发病初期的防治，一般每次不超过4小时，熏蒸时间宜为晚上6～10点，熏蒸时要密闭门窗。熏蒸结束后，保持棚室密闭5小时以上，再进行通风换气。每次用硫黄20～40克，不要超过钵体的2/3，以免沸腾溢出。5～10天更换一次硫黄粉。

（三）霜霉病

[特征与危害]

月季霜霉病的病原菌为霜霉菌，可危害叶、新梢、芽和花。叶片感病时，初期出现不规则淡绿斑纹，后扩大并呈黄褐色和暗紫色，最后为灰褐色，边缘色较深，渐次扩大蔓延到健康组织。在空气潮湿时，病叶背面可见稀疏的灰白色霜霉层，病叶轻摇就会掉落。腋芽和花梗发病时，出现病斑，然后可能变形。新梢和花感染时，病斑与叶的相似，病斑略凹陷，严重时叶萎黄脱落，新梢腐败枯死（图8-21）。

图8-21
月季霜霉病

病菌有卵孢子时以此越冬，但茎叶内菌丝体可多年生存，进行越冬、越夏，以分生孢子从叶背面的气孔侵入。该病主要在温室和大棚中发生，3～4月和10～11月发病较重，90%～100%的空气相对湿度和相对较低的温度有利于病害的发展。光照不足、植株生长密集、通风不良、昼夜温差大、湿度高、氮肥过多时，病害更加容易发生。该病发生速度快，防治不及时危害严重。

[防治方法]

及时清理残枝落叶，清除感病叶片、枝梢和花朵，集中销毁；修剪工具要消毒干净；加强室内的通风降湿，特别是降低夜间湿度很关键；喷施杀菌剂。适宜的杀菌剂有甲霜灵（瑞毒霉）、甲霜·锰锌（瑞毒锰锌）、烯酰·锰锌、三乙膦酸铝（乙磷铝、疫霉灵、疫霜灵）、氢氧化铜（可杀得）、氧化亚铜（靠山）、琥胶肥酸铜等。硫黄熏蒸对霜霉病也有效。

（四）枝枯病

[特征与危害]

枝枯病又称褐色溃疡病，主要发生在茎枝上，叶和花也可能发病。初期在茎上发生小而紫红色的斑点，继而扩大，中部变成浅褐色或灰白色，边缘有紫红圈，病斑稍隆起或开裂，严重发病时环绕着茎枝使枝条枯死，枯枝黑褐色继续向下蔓延，病部与健部交接处稍下陷，后期枯枝变为黄褐色，并散生黑褐色小粒，即病菌的分生孢子器，湿度大或雨天溢出浅黄色孢子角。叶片染病产生紫褐色或较大坏死斑。幼花染病出现"眼斑"，后花瓣变褐枯萎，花蕾受害后不开放（图8-22）。

图8-22
月季枝枯病

枝枯病菌以分生孢子器、菌丝及子囊壳在茎枝的患病组织内越冬。翌年春天，分生孢子或子囊孢子借助风雨传播，主要从剪枝伤口、虫伤口、机械伤口、嫁接接口等处开始侵入，特别是修剪切口离腋芽太远，残留的枝头更易染病发生坏死。病菌的分生孢子萌芽和生长的最适温度较高，为28～30℃，故夏季发病较重。

[防治方法]

及时修剪去病枝（连同下面部分健康枝一起剪去），并进行烧毁；台风暴雨后的伤折枝也应及时剪除；切口按标准切口进行修剪；喷洒杀菌剂。适宜的杀菌剂有多菌灵、甲基硫菌灵、苯菌灵、百菌清等。

（五）月季灰霉病

[特征与危害]

月季灰霉病多危害花朵，有伤口的茎、叶和嫩枝也会发病。花蕾发病时，出现灰黑色斑点，严重时花蕾不开，变褐枯死。花瓣受侵害时，出现小型火燎状斑点，不久变成大型褐色斑，然后皱缩腐烂，温暖潮湿环境下侵染部位会长满灰色霉层。在叶缘和叶尖发生时，起初为水渍状淡褐色斑点，光滑稍有下陷，后期叶片变色，密生灰色霉点，变褐色腐烂落下（图8-23）。

**图8-23
月季灰霉病**

病菌以菌丝体或菌核潜伏于病部越冬，第二年产生分生孢子，借风雨传播，从伤口侵入，或从表皮直接侵入为害。温室大棚中空气湿度大，易发生灰霉病，露地栽培雨水多时也易发病。凋谢的花和花梗不及时摘除时，往往从此类衰败的组织上先发病，然后再传到健康的花和花蕾上。切花月季采收后储运期间，花朵呼吸作用和蒸腾作用产生的水气不易散发，形成冷凝水滴，易发生灰霉病，花瓣产生病斑腐烂。

［防治方法］

及时清除病部，减少侵染来源，对于凋谢的花朵也应及时剪除；加强室内的通风降湿；喷施杀菌剂。防治霜霉病的杀菌剂对灰霉病也有效。

（六）根腐病

［特征与危害］

根腐病危害月季根部，一般在地下水位较高、低洼处的栽植地，以及土壤排水不良和多雨季节时易发生此病，盆栽基质排水不良、浇水过多和多雨季节时易发此病。发病植株长势不旺，叶片呈嫩绿色或发黄，质薄型小，提早落叶，接近地面的茎部常为灰褐色，与正常株相比可见显著的衰弱现象。发病严重时，叶片枯黄脱落，植株死亡，挖起的根部发黑。根腐病的症状类型可分为：根部及根颈部皮层腐烂，并产生特征性的白色菌丝等；根部和根颈部出现瘤状突起；病原菌从根部入侵，在维管束定殖引起植株枯萎；根部或干基部腐朽等（图8-24）。

图8-24
月季根腐病病株的根部

[诊断与防治]

引起根腐病的原因，一类是属于非侵染性的，如土壤积水、酸碱度不适、施肥不当等；另一类是属于侵染性的，主要由真菌、细菌、线虫引起。根腐病病原大多属土壤习居性或半习居性微生物，腐生能力强，一旦在土壤中定殖下来就难以根除。

根腐病的诊断有时是困难的，根腐病发生的初期不易被发现，待地上部分出现明显症状时，病害已进入晚期。已死的根常被腐生菌占领取代了原生的病原菌。另外，根腐病的发生与土壤因素有着密切的关系，所以发病的直接原因有时难以确定。根腐病的防治也较其他病害困难，因为早期不易被发现，失去了早期防治的机会。另外，侵染性根腐病与生理性根腐病常易混淆。在这种情况下，要采取针对性的防治措施是较困难的。

根腐病的发生与土壤的理化性质是密切相关的，这些因素包括土壤积水、黏重板结、贫瘠、微量元素不足、pH值不适等。由于某一方面的原因就可导致植株生长不良，有时还可加重侵染性病害的发生。因此在根腐病的防治上，选择适宜月季生长的立地条件，以及改良土壤的理化性状，应作为一项根本的预防措施。

（七）病毒病

[特征与危害]

蔷薇花叶病毒、南芥菜花叶病毒等多种病毒，均可侵染月季产生病毒病。叶片受害后，以小的失绿斑点为其特征，有时呈现多角形纹饰。病斑周围的叶面常多少有些畸形。有的表现为花叶，有些表现为黄脉、叶畸形及植株矮化，有的在叶片上产生不规则的斑块，呈浅黄色至橘黄色，斑块附近小的叶脉透明。将病株作为繁殖材料、汁液接触和刺吸式害虫都可传播病毒。气温10～20℃，光照强，土壤干旱或植株生长衰弱利于显症和扩展，夏季温度高常出现隐症或出现轻型花叶症（图8-25）。

图8-25
月季病毒病

[防治方法]

加强田间管理，提高植株抗病能力；在生长季节注意防治可传染病毒的蚜虫、蓟马等害虫，可以减少传毒；发病初期喷洒农药。适宜的农药有菌毒清、抗毒剂、病毒宁、毒克星、三氮唑核苷（病毒必克）等。

[1] 张本. 月季. 上海：上海科学技术出版社，1998.

[2] 余树勋. 月季. 北京：金盾出版社，1992.

[3] 卢淮甫，屠省宽，戴才德. 月季培育. 南京：江苏科学技术出版社，1981.

[4] 陈俊愉，程绪珂. 中国花经. 上海：上海文化出版社，1990.

[5] 刘海涛，吴焕忠，李明仲，等. 专家教你种花卉——月季. 广州：广东科技出版社，2004.

[6] 郑成淑，王文莉，吕晋慧. 切花生产理论与技术. 第3版. 北京：中国林业出版社，2022.

[7] 刘海涛. 花卉园艺基本技能. 第2版. 北京：中国劳动社会保障出版社，2019.